秋葉古道と愛岐地方の旧河道

中根 洋治

風媒社

秋葉古道と愛岐地方の旧河道

目　次

第1章　まえがき …………………………………………………………………………… 5
　1.1　内容と構成 …………………………………………………………………………… 5
　　　　第1章の参考文献 …………………………………………………………………… 7

第2章　秋葉古道と秋葉信仰 ……………………………………………………………… 8
　2.1　はじめに ……………………………………………………………………………… 8
　2.2　秋葉古道と秋葉信仰 ………………………………………………………………… 9
　　（1）起点の登山路（参道）から ……………………………………………………… 9
　　（2）秋葉寺と秋葉神社 ………………………………………………………………… 11
　　（3）秋葉信仰の原点 …………………………………………………………………… 12
　　　　ａ）焼畑農業の火 ………………………………………………………………… 12
　　　　ｂ）冶金の火 ……………………………………………………………………… 13
　　（4）神体山をつなぐ …………………………………………………………………… 13
　　　　ａ）竜頭山と修験道 ……………………………………………………………… 13
　　　　ｂ）山住神社と常光寺山 ………………………………………………………… 14
　　　　ｃ）秋葉山と光明山 ……………………………………………………………… 16
　　（5）信仰の道・秋葉古道—秋葉街道 ………………………………………………… 14
　2.3　秋葉古道の役割—時代と共に ……………………………………………………… 19
　　（1）黒曜石の道として ………………………………………………………………… 19
　　（2）塩の道として ……………………………………………………………………… 20
　　（3）戦いの道として …………………………………………………………………… 21
　　（4）尾根道の特長 ……………………………………………………………………… 25
　2.4　民俗的なこと ………………………………………………………………………… 25
　　（1）地名のこと ………………………………………………………………………… 25
　　（2）住む人々のこと他 ………………………………………………………………… 26
　　（3）旅行者のこと ……………………………………………………………………… 27
　2.5　尾根古道の事例と現代の交通など ………………………………………………… 28
　2.6　第2章のむすび ……………………………………………………………………… 29
　　　　第2章の参考文献 ………………………………………………………………… 31

第3章　古道の盛土部〈段築〉 …………………………………………………………… 32
　3.1　はじめに ……………………………………………………………………………… 32
　3.2　山間古道の段築 ……………………………………………………………………… 32
　3.3　段築の事例 …………………………………………………………………………… 33
　　（1）岡崎市から信州への足助裏街道 ………………………………………………… 33
　　（2）岡崎市から設楽町方面の道根往還 ……………………………………………… 33
　　（3）岡崎市から新城市方面の千万町街道 …………………………………………… 33

（4）信玄道 ·· 33
　　（5）秋葉道その1 ·· 33
　　（6）秋葉道その2 ·· 34
　　（7）秋葉道その3 ·· 34
　　（8）岡崎市切越町の古道 ·· 35
　　（9）秋葉古道 ·· 35
　　（10）熊野古道の長井坂 ·· 35
　3.4　岡崎から信州への足助裏街道 ·· 36
　3.5　岡崎から設楽方面の道根往還 ·· 39
　3.6　岡崎から新城方面の千万町街道 ·· 42
　3.7　信玄道 ·· 43
　3.8　切り通し及び急勾配の法面を有する盛土形状の検討 ···················· 44
　　（1）概要 ··· 44
　　（2）地搗工法 ·· 45
　　（3）版築・敷葉工法 ·· 48
　3.9　第3章のむすび ··· 50
　　第3章の参考文献 ·· 51

第4章　古道の災害時利用 ·· 52
　4.1　はじめに ·· 52
　4.2　尾根道の特長と災害時の状況 ·· 52
　4.3　災害時に古道を利用した事例 ·· 53
　　（1）事例-1）小原・藤岡（現在は豊田市に合併）の「七夕豪雨の場合」········ 53
　　（2）事例-2）「新潟中越地震」の場合 ·· 54
　　（3）事例-3）岡崎市古部町の防災道路の場合 ································ 55
　　（4）事例-4）浜松市天竜区竜山町瀬尻（せじり）地区の場合 ················ 56
　　（5）その他 ··· 57
　　　a）その他の事例 ·· 57
　　　b）歴史的災害例 ·· 58
　4.4　第4章のむすび ··· 58
　　第4章の参考文献 ·· 58

第5章　河道の変遷と問題 ·· 59
　5.1　はじめに ·· 59
　5.2　木曽川旧河道の調査 ··· 59
　　（1）古代絵図を考察する ·· 59
　　（2）濃尾平野の地質的変遷 ·· 61
　　（3）主に愛知県内の木曽川旧河道について ·································· 62
　　　a）現況説明 ·· 62
　　　b）海抜ゼロメートル地帯 ·· 68
　　　c）愛知県内の木曽川に関するその他の事項 ······························ 69

　　　　d）五条川の大曲 …………………………………………………… 70
　（4）岐阜県内の旧河道 …………………………………………………… 73
　　　　a）沖積地の境川 …………………………………………………… 73
　　　　b）広野河事件 ……………………………………………………… 74
　　　　c）運ばれた謎の石 ………………………………………………… 74
　　　　d）岐阜県内のその他の事項 ……………………………………… 77
　（5）木曽川関係のまとめ ………………………………………………… 78
5.3　矢作川旧河道の調査 ……………………………………………………… 79
　（1）概要 …………………………………………………………………… 79
　（2）河道の変遷 …………………………………………………………… 82
　　　　a）熱田海進の関係 ………………………………………………… 82
　　　　b）縄文海進の関係 ………………………………………………… 83
　　　　c）河道の変遷 ……………………………………………………… 83
　　　　d）矢作川流域で最も注視すべき所 ……………………………… 86
　　　　e）低地の新興住宅 ………………………………………………… 87
　（3）2008年8月29日の岡崎豪雨 ………………………………………… 88
　（4）後背湿地 ……………………………………………………………… 89
　（5）矢作川関係のまとめ ………………………………………………… 90
5.4　豊川旧河道の調査 ………………………………………………………… 90
　（1）概要 …………………………………………………………………… 90
　（2）河道の変遷 …………………………………………………………… 94
　（3）豊川関係のまとめ …………………………………………………… 96
5.5　災害と地名 ………………………………………………………………… 96
5.6　沖積低地と震災 …………………………………………………………… 98
5.7　5章のむすび ……………………………………………………………… 99
　　第5章の参考文献 ………………………………………………………… 101

第6章　10万年前の旧河道 …………………………………………………… 103

6.1　はじめに …………………………………………………………………… 103
6.2　本章の進め方 ……………………………………………………………… 103
6.3　地形と地層のあらまし …………………………………………………… 107
6.4　山県市を流れた木曽川分流―古川 ……………………………………… 109
　（1）美濃加茂市から関市の長良川まで ………………………………… 109
　（2）関市の長良川から山県市の鳥羽川まで …………………………… 110
　（3）鳥羽川から伊自良川まで …………………………………………… 113
　　　　a）現在の分水嶺付近まで ………………………………………… 113
　　　　b）現在の分水嶺から伊自良川方面まで ………………………… 115
　　　　c）地質に関すること ……………………………………………… 117
　（4）古川のまとめ ………………………………………………………… 121
6.5　各務原台地上の木曽川分流―苧ヶ瀬川 ………………………………… 122
　（1）この地域の地層について …………………………………………… 122

(2) 各務原台地上を流れていた芋ヶ瀬川 ……………………………… 123
　　　(3) 芋ヶ瀬川のまとめ ……………………………………………………… 125
　6.6　岐阜市芥見からの長良川分流―岩滝川 ……………………………… 126
　6.7　金華山の裏から長良川分流―日野川 ………………………………… 128
　6.8　武儀川分流―山県岩川 ………………………………………………… 128
　6.9　武儀川から長良川への分流―広見川 ………………………………… 129
　6.10　第6章のむすび ………………………………………………………… 130
　　第6章の参考文献 …………………………………………………………… 133

第7章　あとがき ……………………………………………………… 134

第 1 章　まえがき

　本書は土木史の一環として作成したいくつかの論文を収録し、一部分書き換え補足したものである。そのために異質な内容が混在しているのでご容赦願いたい。

　筆者は、従来から愛知県内およびその近傍の郷土史に関する調査を行っている。今までの調査によれば、中世以前から使われた山間部の古道が主に尾根を利用している[1),2),3)]。その中で、静岡県の秋葉山から北方に約50km連なるわが国の典型的な尾根の古道を紹介する。また、尾根を通る古道には盛土部が所々にあり、その法面勾配が現在の盛土より急であることに注目し、その事例も解説した。このように長期間使われた尾根の古道は、分水嶺のために水に対して強く、崩れにくいので災害時に利用された事例などを扱う。

　一方、川の跡は浸水や地震の被害を受けやすい。ところが近年、このような被害を受けやすい低地に住宅類がどんどん建ち始めた。その理由は、山間部からの人口流出と、核家族化による分家の進出が多くなったからと思われる。集中豪雨や地震の液状化による被害は、日本の各地で生じている現象である。時間雨量が80mmを越すような豪雨は毎年のように日本の各地で襲う現象であるが、想定基準として時間雨量50mm～80mmの範囲で河川改修されている事例が多い。そのため、集中豪雨による水害は止まらない。

　本書の目的は、古道・旧河道の変遷を詳しく調査することである。この事によって、尾根を通る古道が盛土部において急勾配の法面を有することが分かり、かつ大災害時に利用できることにつながる。また旧河道や池・湿地帯などの変遷を知ることによって、宅地をはじめとする利用が成されつつある沖積低地の水害・震災などの災害対策に参考になるとする。

1.1　内容と構成

　秋葉古道に関して説明された諸本は、江戸時代からの街道を扱ったものが多い。ここではなるべく古い時代まで遡り、現地踏査を基本に調査した。

　旧河道に関しては、木曽川流域について、過去に調べられた文献[4)]があるが、まだ他にも旧河道があるに違いないと考え、尾張地方について改めて旧河道の調査をする。矢作川については概要図があっても詳しく説明されたものがないので、既に筆者が中心となって著した『矢作川』[5)]という本を参考にこの川の生い立ちを述べる。愛知県内の主な河川である豊川流域についても、現河道から遠い農地の中に巨大な堤防が残されていることから調査する。続いて更新世（洪積世）の旧河道について、地元には岐阜県の山県市にある谷を大河川が北西に流れていたという伝説がある。ところが、学説ではこの谷の途中に高い所があるので大河川は流れていなかった、ということになっている。筆者はこの真偽を確認するために現地調査と検討を加える。その他の更新世からと思われる岐阜県にある複数の旧河道についても、今までの文献にないことであるから調べてみる。

　古代からの道は人類発生の石器時代からあったと思われ、旧河道は約10万年前のものまでがほぼ確認できると考えられる。その確認方法は、歴史的文献・地質・現地聞き取り調査などによるとともに、古代巨石信仰や遺跡の発掘・地名の調査結果など、人文科学的な角度も交えて総合的に検討する。

　本書の内容は、以下の7章である。なお、図1-1には本書の構成概要図を示す。

　　第1章　　まえがき
　　第2章　　秋葉古道と秋葉信仰

第3章　古道の盛土部〈段築〉
第4章　古道の災害時利用
第5章　河道の変遷と問題
第6章　更新世の旧河道
第7章　あとがき

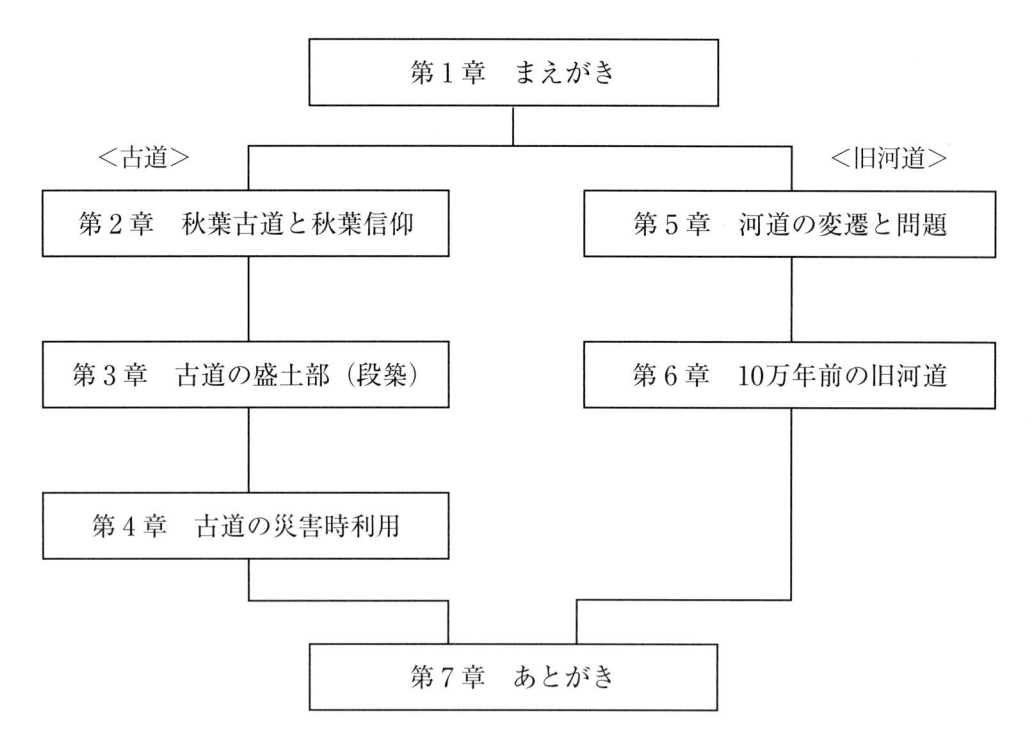

図1-1　本書の構成概要図

以下に各章ごとの内容について述べる。
　第1章は本書の概要と構成を説明する。
　第2章では、秋葉古道の変遷を知るために、この道の変遷をなるべく古い時代まで遡り、現代までのルートの移り変わりを述べる。また、この古道の役割の変化についても述べる。筆者は愛知県内の主な古道を調べた後に、本章で静岡県の秋葉古道を古道の代表例として取り上げる。秋葉古道は我が国の典型的な尾根を通る古道であるが、この道の歴史を調べる方法は、やや遠回りであるが秋葉信仰・焼畑農業・巨石信仰・冶金・民俗調査などまで立ち入る。
　第3章では、各地の古道を踏査してみると、尾根の凹んだ部分の古道に堤防のように盛土した所があり、その盛土形状が現代の盛土状況に比べて急勾配な斜面であるので、この盛土構造を検討する。このような、盛土形状は新発見の土木史であるので、古道に付随した内容として取り扱う。切取り部分は盛土部分の前後に付随していることが多いことも、既に調べた各街道の事例から説明する。
　第4章では、中世以前の山間部にある古道が尾根を多用しており、分水嶺のために他地区から水が集まらないので雨に対して強い。また長期間使われてきたので、あらゆる災害に対しても強いという特長がある。そのため、現在の川沿いの道路が水害・震災を受けて通行止めになった場合、古道が使われることがあり、事例と共に現代的活用について述べる。
　第5章では、木曽三川・矢作川・豊川の沖積低地における旧河道の調査を行う。この調査では、海進・海退に伴う地質的変遷と共に、人工的に造られてきた河道の変遷についても述べる。主に沖積層の旧河道や池の跡・低湿地が、浸水被害や震災が生じやすいことを検討する。旧河道の変遷状況の調査が、現代においてどのよう

な問題があるかについて述べる。

第6章では、岐阜県内にある洪積層を形成した更新世の旧河道を調査する。その他の更新世からと思われる複数の旧河道についても、新しい解釈であるので調査し説明する。第5章と同様に地質的変遷を基に確認し、一部については今でも低地として残る帯状の地域に対する災害対策を検討する。

第7章は、第2章から第6章までの全体をまとめた「あとがき」である。

なお添付写真で注釈のないものは筆者が撮影したものである。

第1章の参考文献
1) 中根洋治：『愛知の歴史街道』、愛知古道研究会、1997.
2) 中根洋治：『忘れられた街道』〈上巻〉、風媒社、2006.
3) 中根洋治：『忘れられた街道』〈下巻〉、風媒社、2006.
4) 吉川博：『尾張の大地』、山海堂、1987.
5) 中根洋治, 鈴木教布, 前沢栄, 牧野秀則, 野沢重明, 佐藤幸雄：『矢作川』, 愛知県豊田土木事務所, 1991.

第 2 章　秋葉古道と秋葉信仰

2.1　はじめに

　筆者は、以前から愛知県内の古道に関する調査を行っている。今までの調査によれば、中世以前から使われた山間部の古道が主に尾根を利用している。そこで、今回は静岡県の秋葉山（あきはさん）から北方に約 50km 連なる我が国の典型的な尾根の古道を調べたいと思う。調査前の知識は、秋葉山の北方に続く尾根に古道があったらしいという噂を聞いていた程度である。また、岐阜県御嵩町の伊佐治家には、天保 9（1838）年に常夜灯料を 10 両寄付したという古文書があるので、その常夜灯の所在を確認したい。秋葉神社の神官に神社の経歴を聞いてもよく分からない。これらがこの秋葉古道を調べることになったきっかけである。

　本章の目的は、秋葉古道をなるべく古い時代まで遡ってルートの変遷を調べ、また、果たしてきた役割の変化についても述べる。この道の変遷と役割を調べるために、秋葉信仰・焼畑農業・巨石信仰・冶金・民俗調査などにまで立ち入る。

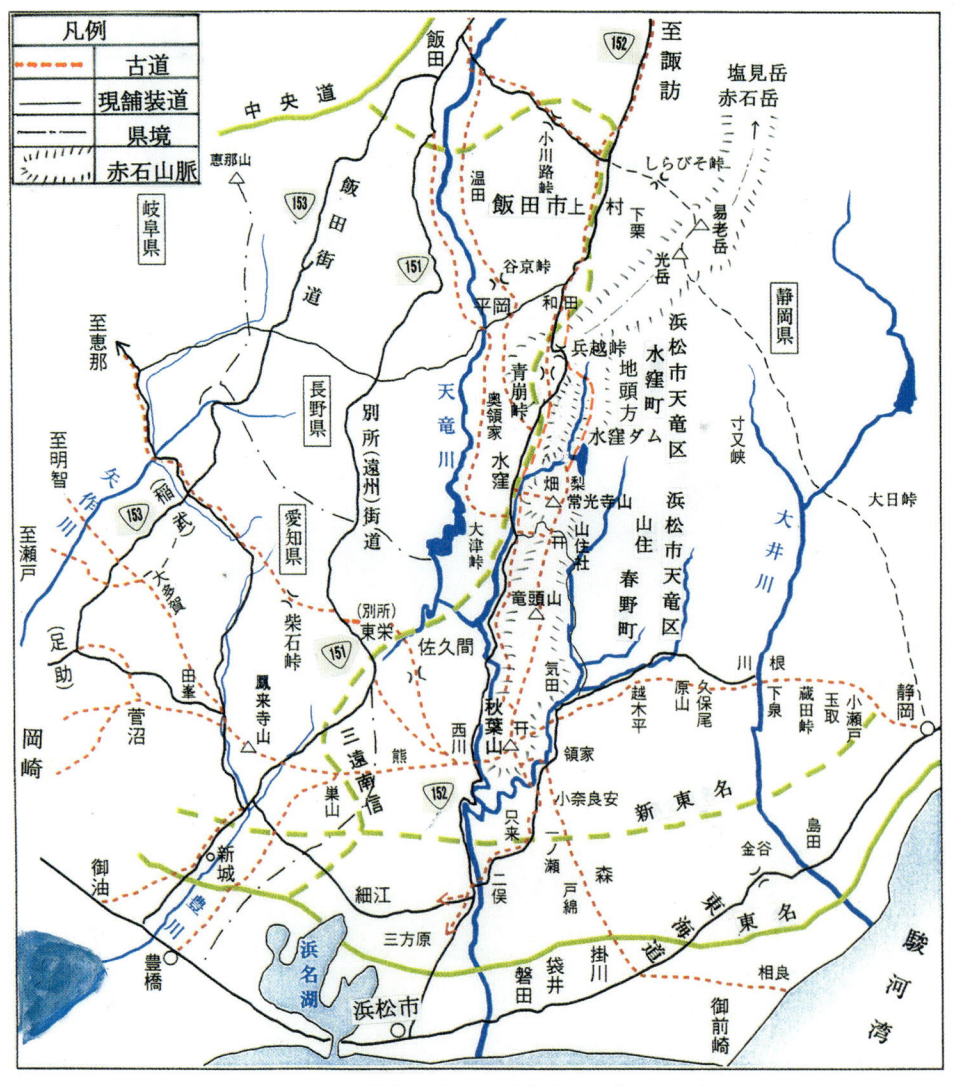

図 2-1　各秋葉街道広域図（作成：中根、2008）

秋葉山は「火の神」として、かなり古くから広く知られている。全国各方面から、秋葉山へ参拝のための秋葉道あるいは秋葉街道と呼ばれる経路があった。ここでは、静岡県浜松市や掛川市方面（遠州）と、長野県飯田市や諏訪市方面（南信州）を結ぶ秋葉街道の中、主に秋葉山登山口から赤石山脈の尾根を山住神社径由で長野県境の青崩峠や兵越峠へ至る区間を対象とする（図2-1）。この両地域を結ぶ交通は、後述のように原始時代からあったと思われるが、その道中は、天竜川の深い谷と赤石山脈の険しい山岳に阻まれ、昔から秘境といわれた所である。

各方面からの主な秋葉街道は、図2-1の破線に示すようなルートである。その概要は、①北方からは、諏訪方面から中央構造線沿いに南下する道が、途中で飯田市からの小川路峠越えの道と合流してくる。②南方からは、静岡県御前崎東方にある相良港からの「塩の道」と重なってくる。③東方からは、東京方面の静岡市から山間部の川根方面を経由してくる道もあった。④愛知県方面からは、約10方向から集まっている[1]。その各方向の先はさらに別の県外にまで至る。それから、道を目的別に分けると、信仰の道・黒曜石やヒスイの道・塩の道・戦いの道などがある。

秋葉街道についての既往の調査では、「山人の生業と火防せの信仰」[2]で焼畑と秋葉信仰について触れ、「忘れられた古道発掘」[3]では秋葉山から竜頭山までの秋葉古道の一部について触れている。その他、秋葉街道についての単行本が多く出版されているが、これまで取り上げられた秋葉街道は図2-1に示すように御前崎方面の相良〜秋葉神社を径由し、前不動〜下平山〜西渡〜水窪〜長野県へ至る塩の道ともいわれる山腹の道であるから、主に近世以降の経路である。しかし本書では、古代からの信仰をはじめとする歴史の中で、中世以前まで遡る。

2.2　秋葉古道と秋葉信仰

（1）起点の登山路（参道）から

まず、秋葉山（写真2-1）の麓から秋葉神社へ至る本研究の起点から現況を踏査した。登山口となる南麓の秋葉神社下社から、山頂近くの秋葉神社まで旧来の表参道を歩いて登ると片道約2時間30分の道のりであった（図2-2、写真2-2）。

参道登りはじめの浜松市天竜区春野町領家字坂下は、かつての秋葉詣での旅人達が宿泊した宿屋街であった。この坂下に昔から住む高氏仲造さんから、「気田川の舟運はここから約10km上流の気田までであった。南から来る秋葉山への参拝者は、1926（大正15）年に秋葉橋が出来るまで渡し船を利用し、馬は川の中を歩いた。この参道が塩の道でもあった」などと昔の状況の一端が分かる話を聞いた。麓の標高は約100mである。

つづら折れを登ると、1町（約100m）ごとに小型の常夜燈（丁目石）があり、その銘は嘉永5（1852）年が多い。三重県の津や愛知県の吉田（豊橋市）などの有志が奉納している。途中には、三河屋・栗田屋・富士見屋・桜屋などの茶屋跡があり、往時の旅人の多かったことを示す。これらの多くは、1943（昭和18）年3月の大火で焼失したとされている。

この参道も尾根部分を登っており、途中には、愛知県方面の

写真2-1　南方の光明山から見た秋葉山

第 2 章　秋葉古道と秋葉信仰

人達が寄付した常夜燈や石仏類が多い。麓から約 2 時間で秋葉寺の山門[注1]に着く。山門付近には藤枝市の吹屋町（鍛冶職人の町）・鍛冶町などの職人集団が奉納した常夜燈がある。後述するが、このことは秋葉信仰が鍛冶と関わることを示している。秋葉寺から標高 885m の頂上にある秋葉神社までは、徒歩約 30 分の急坂である。現在、新しい社殿の境内には秋葉神社の歴史を物語るものはほとんどなく、あるのは神社の周囲に生えている樹齢 400～500 年ほどと見られる杉の木々のみのようである。

写真 2-2　秋葉山の表参道と丁目石（左側）

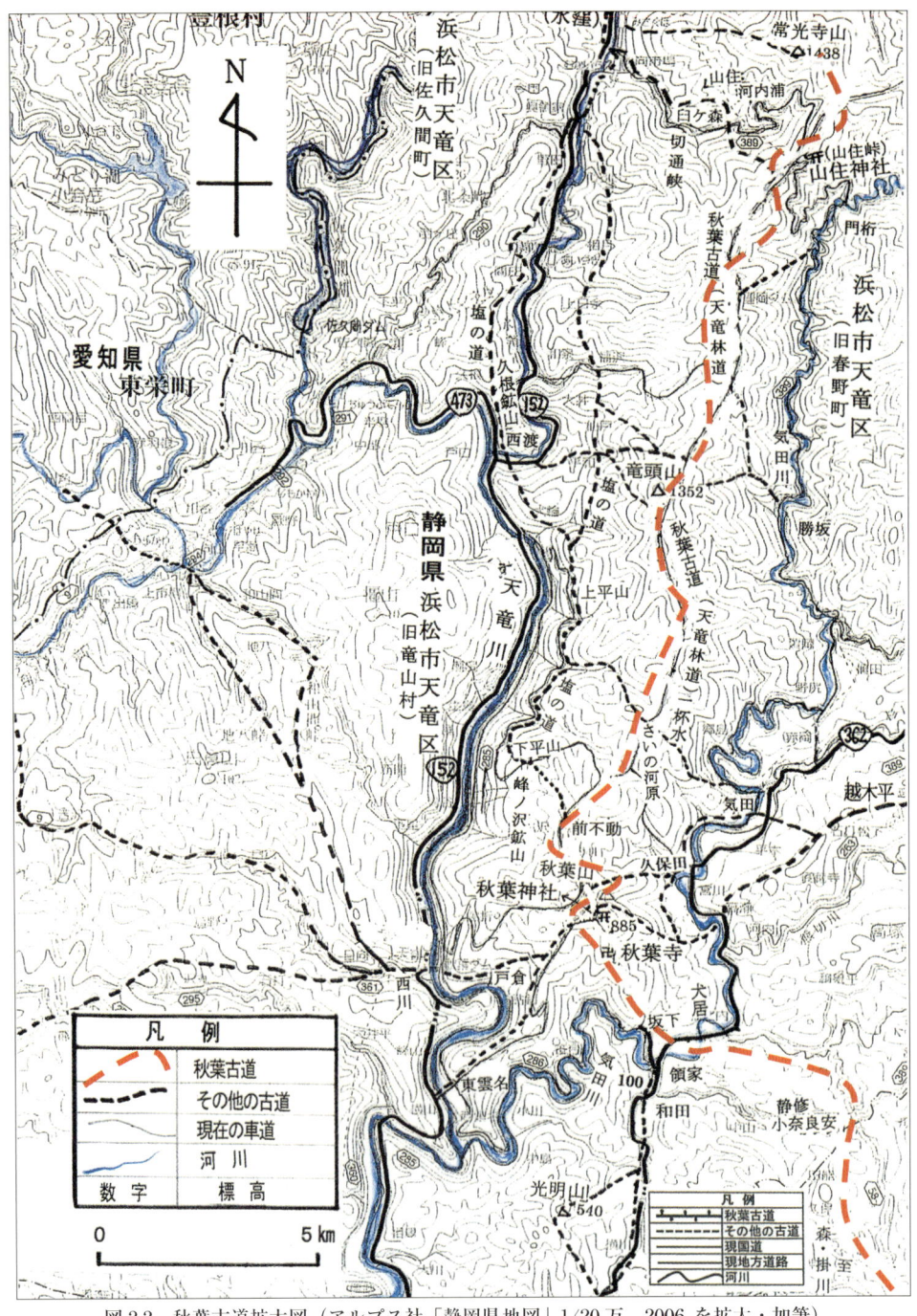

図 2-2　秋葉古道拡大図（アルプス社「静岡県地図」1/20 万、2006. を拡大・加筆）

(2) 秋葉寺と秋葉神社

秋葉山頂上には、火の神である寺社が建てられる前に、「犬居城とは別派(南朝方)とされる天野氏の秋葉城が、延元年間（1336～1339）からあった。この城は南朝後醍醐天皇の皇子宗良親王のために築かれた」[4]という記述もある。城の位置としては山脈の南端であり、好位置であった。秋葉古道にもっとも深く関係するのは秋葉信仰であり、秋葉山にあるこの「秋葉寺」と「秋葉神社」について調べた。

秋葉寺の縁起書によれば、秋葉山の北方約12kmにある竜頭山がその奥の院とされ、奈良時代から聖観音菩薩を奉じた大登山霊雲院があったとされている。後に、ここへ勝坂不動や勝軍地蔵も安置され、戦の勝利を導くとされたために、平安時代から400余振りの刀剣の奉納記録がある。奉納者には、源頼義（988-1075年）・足利尊氏・武田信玄・山本勘助・豊臣秀吉などがある。そして竜頭山の山頂付近は、古代からあったと思われる自然崇拝と共に、鎌倉時代を中心として盛んになる山岳修験道の道場でもあった。このことについては後述する。

秋葉山に火の神が結びついたのは、15世紀半ばに三尺坊という僧が、真言密教の修行の後、信州飯縄山から来山し、火消しの力を持つ天狗になったといわれたことで、この頃から火防の神としての秋葉信仰が始まったとされる[5]。そうして、秋葉信仰の中心が山脈南端の秋葉山へ移され、杉の大木が茂ったものと考えられる。南端へ移された理由は、竜頭山は急峻で平地が少なく、比較的広い秋葉山の頂上が人里に近く、適地に選ばれたと思われる。秋葉信仰の中心は、秋葉三尺坊大権現と呼ばれていたが、後に「秋葉大権現」（秋葉山秋葉寺）といわれた（権現は神と仏が混在したもの）。秋葉は、周智郡誌によれば「和銅2年に阿岐波の山に火燃え上がり・・・」という言葉があるように"あきは"と発音するのであろう。

秋葉山の秋葉寺は、「山岳修験の真言密教であったが、永禄年間（1558～1571）に曹洞宗可睡斎の末寺とさせられた。家康は山岳修験道の修験者（山伏）を使い、情報を得ていたといわれる。1569（永禄12）年、家康より当山の別当（統括者）に任命された修験者とされる光播は、1571（元亀2）年から上杉謙信と4度尾根道を利用して連絡をとり、家康との同盟を結びつけた。これに怒った武田信玄は、秋葉山に1571（元亀2）年に火を付けた。1603（慶長8）年、駿河国田中藩の酒井忠利家臣らが登山し、秋葉大権現を分神した（現藤枝市稲葉）」などの記述があり[6]、武将との関係が深い。秋葉寺の火祭りは毎年12月15・16日の夜に行者や僧職の手による火渡り他が行われ、秋葉神社の火祭りでは同16日に「弓・剣・火」の舞が順次くり広げられる。この火祭りは秋葉信仰の最大の行事である。

現在の神社西方にある歴代住職の墓地を見ると、光播の次の墓碑名は「通峰光達」になっており、この人は建物の改築を重ねた人と伝えられ、戒名からしても峰々を走り回った人と想定される。戒名はその人の生前の行いを表現することが多いからである。

次のような武将も秋葉大権現を信仰していたようである。「上杉謙信は1551（天文20）年に地元長岡市（旧栃尾市）へ、家康は1590（天文18）年に小田原市板橋へ、犬居にいた天野氏は1571（元亀2）年に静岡市（旧清水市）へそれぞれ秋葉信仰を分神した」[7]という記述があることからも、秋葉信仰は中世にはすでに始まっていたことが分かる。

秋葉信仰が栄えた話題として、1657（明暦3）年の江戸で起きた振袖火事以来、全国に火伏の神として秋葉社を祀るようになった。「1685（貞享2）年、信者の団結力を恐れた幕府から、秋葉祭の禁止令が出た。同年、袋井市の春日明神神主が隣地の火災の時に盛んに秋葉山を祈念したところ、火災を免れた。それで神供と共に幟を建て祭典を行ったところ、幕府の方針とは逆に一般人の秋葉信仰が急激に盛んになった。この頃から全国からの参詣が増えた」[8]という。そして秋葉山は最盛期を迎え、東京の秋葉原をはじめ、宮崎市田野町・宮城県角田市長泉寺など全国各地に分祠された。常夜灯も各地に建てられた（写真2-3）。

このように秋葉信仰は大火のたびに繁栄し、「北は千葉県から南は岡山県まで講が106地区で設けられ、参詣の折には定宿が決められていた。一方、寺領としては秋葉山地の両側13地区で、その中に修験関係の拠点（法印）が最盛期には36院あり、僧職関係者が282人いた」[9]といわれ、秋葉山周辺は秋葉信仰一色に固められていたことになる。

第 2 章　秋葉古道と秋葉信仰

　この時代までは、神仏混交のため、秋葉大権現の中には寺と神社が混在していたが、明治時代になると、神仏分離・廃仏毀釈の令により山頂の寺は撤去された。1872（明治5）年に住職が入寂[注2)]しているが、その時点では当局に無住と判断され、無住の寺は廃寺するという方針に沿わされたのである。そのため、本尊は袋井市の可睡斎へ運ばれ、改めて1873（明治6）年に、神社の由緒書きに記されているように、炊事や工業などの火の功用が御神徳である秋葉神社が建てられた。したがって神社の歴史は新しい。秋葉神社は、1901（明治34）年3月、1943（昭和18）年3月、1950（昭和25）年3月の三度火災に遭っている。1943年の火災は北側の峰の沢鉱山から類焼したとされる。

　秋葉神社下社というのは、1943年の火災により同年臨時に麓へ建てられたもので、現在の山頂にある秋葉神社は1986（昭和61）年に再建され、上社とも呼ばれている。

　一方、これまであった寺は再建を許され、1881（明治14）年に完成し本尊が戻された。一時廃止された秋葉山秋葉寺は、上社から南東の「杉平」という所に位置する（写真2-4）。再建以降一度も焼失していない。神仏分離・廃仏毀釈の影響で、神社と寺の確執はその後も続き、参道の途中にも見られるが、秋葉大権現に関わる灯篭や石像物は人為的に壊されたものが多い。したがって伊佐治家が寄付したという常夜灯は見つからない。爾来、寺の方の歴史は絶え入りそうである。

写真 2-3　岡崎市細川町の秋葉山常夜灯

写真 2-4　秋葉山秋葉寺

(3) 秋葉信仰の原点
a) 焼畑農業の火

　秋葉山から続く尾根にある秋葉古道の約25km北方に後述する山住神社があり、一般に縄文時代からの焼畑を守る「山犬の神様」といわれている。焼畑農業では猪や兎・鹿などの獣により焼畑が荒らされるので、それらの獣と天敵である山犬が大切にされた。焼畑農家は、山犬に留守番を願うため、神札を焼畑の中へ立てた。また、塩を好む山犬を恐れた塩商人も山住神社にお参りした。山犬とは神札に描かれているように狼のことである。

　その焼畑農業の山犬の神と対比されるのが、焼畑で使う火の神であり、この火の神が秋葉信仰の元とされる。秋葉大権現は、火防の神ともいわれるが、火防とは焼畑作業の延焼防止のことである。延焼防止作業は木の棒で叩いて行われた。水窪や春野町方面で盛んに行われていた焼畑農業は、原始時代から昭和30（1955）年頃まで続けられていたことになっている[10)]。

後述の図2-4にある大嵐（おおぞれ）という地名は、焼畑に関わる地名といわれる。焼畑は3～4年で作物が採れなくなると別の場所へ移る。それを「そらす」というのでゾレは焼畑地名というわけである。大嵐の近くに桐山（きりやま）という地名もあったが、これも焼畑地名であり、新たに山を切り開いて焼畑にする場合のキリヤマから名付いた地名といわれる。

このように、元々の秋葉信仰の火は古代からの焼畑と関わる火防であり、それより北方の山住神社は焼畑農業の豊作を願うものであった。

b）冶金の火

山頂から北方へ行ったところに銅鉱山があった。この銅の原石を索道で天竜川まで降ろし、船で運んでいたのが峰の沢鉱山である。この鉱山は秋葉山北西約2kmにあり、1669（寛文9）年に幕府が採掘し、1969（昭和44）年に閉山した。また久根鉱山は秋葉山北方約10kmにあったが、1731（享保16）年に採掘～1970（昭和45）年に閉山という稼働状況であった。これらの期間は記録に残るものであり、それ以前の古代からも銅の採掘が行われていた可能性が強い。それは712（和銅5）年、諸国の調・庸は銅銭が可能になったこと、東大寺の大仏が造られたこと、さらに713（和銅6）年には甲斐の国からも銅の産出が記録されていることからも推測される。「火の神」秋葉大権現は、銅精錬の炉に火が入った時を期して祀られたという。秋葉の火祭りには前述したように、最近まで鍛冶屋さんが多く参拝したといわれる[11]。

坑道は埋められたが、両鉱山跡は今も認められる。年代はよく分からないが、冶金の火と秋葉信仰とが関わってきた。こうした由来から、下社に長さ4mほどの十能が掲げてあり、これは1954（昭和29）年に、愛知県豊田市の鋳物製造が得意のアイシン高岡工業が奉納したものと聞いている。つまりこれらは、"よい銅や鉄が出来るように願うと共に、火事にならないように"と願ったものと思われる。なお、鉱物と山伏の関係も深いといわれるので、修験道の山伏がこの付近の銅鉱石を流通させた可能性も想像される。

「秋葉神社の御神体は火之迦具土神だが、これは古事記に登場する火の神である。梵語の中に阿耆尼（あぎに）という火の神があり、ここから秋葉のアキがきたのではないか。ハは場所を表す。火を使う作業には、農業・鉱業・製鉄・陶器などがあるが、ちなみに、我が国で銅の生産が盛んになったのは、和銅年間であり、年号も和銅となっている」[12]とのことである。秋葉山の名称を考えるとき、アキハのアは冶金、キは祭祀場所、ハは銅地名を表すという説もある。

参道の各町目石にある「金」に似たマークは金属と関わることを表わすのではないか。「秋」という字は「虫害をなすズイムシ・ハクイムシを火で焼くこと」[13]とある。「アオキという植物は別名アキバとかオーキバといわれ、木の葉を焙って貼ると火傷の薬になり、またこの葉自体（肉厚）が火伏せの役目をする」[14]という。いづれにしてもアキハは火に関わる古い言葉と考えられる。

（4）神体山をつなぐ

秋葉古道といわれる尾根伝いの道は、別に「信州街道」、「塩の道」、「大祝道（おおはふりみち）（古代諏訪神社の神人達が巡った信仰の道）」、「東国古道」、「奥の院街道」、「峰道」、「国峰道」（修験道の道）、「秋葉の棒道」、「遠山古道」などともいわれ、遠州と信州を結ぶ多目的の通路であった。原始時代からの「山や巨石の信仰」を探ることによって、秋葉古道の歴史の一端即ち神体山のつながりが明らかになると思われる。そして、その頃からこの秋葉古道を人々が往来してきたことを明らかにする。

a）竜頭山と修験道

「この尾根の道は、修験道以前の土着信仰に関係する」といわれる[15]。土着信仰とは地主神ともいわれるが、一般に山・巨木・岩・火・滝・池・天体などの自然崇拝であり、特にこの稜線では巨石信仰を含む山岳信仰が主であると考えられる。筆者は、全国252箇所の巨石信仰を調査したが、巨石信仰を含む山岳信仰を端的にいえば、人が死ぬと秀麗な山（神体山）の磐座（いわくら）といわれる厳かな岩から魂が昇天する、と考えられた縄文時代から主に神社が出来はじめた8世紀頃まで盛んであった信仰であるといえる。

第2章　秋葉古道と秋葉信仰

　一般に、修験道は原始的な山岳宗教（精霊信仰）と密教が結合したものといわれる。山岳宗教は、それ以前の山や磐座の信仰を引き継いでいると思われる。

　天台宗は9世紀初めに最澄が広めたが、ここでも千日回峰など修験道の苦行と似たものが現在まで行われている。山岳修験道は一般に8世紀初め、役行者（えんのぎょうじゃ）（利修仙人の兄）が始めたといわれるが、竜頭山から秋葉山付近では鎌倉時代に熊野修験道が盛んであったといわれる。修験者（山伏）はこのような中、一般人では及ばないような心身の鍛錬をして宗教的呪術を行い、里の住民から困り事の相談を受け、開発に対しては山を呪文により清めた。また、お札や護摩の灰などを配付して住民の気持ちを鎮めた。同時に、山岳で採れる鉱物や薬草あるいは、お茶・塩なども斡旋し、芸能（後述）の伝播にも一役かっている。さらに山伏は山武士ともされ、尾根を利用して山を駆けめぐることが得意なので、武将が情報収集などに利用したこともある。明治維新による文化改革により、修験道は明治5年（1872）に廃止された[16]。

　前記のように、秋葉寺の「奥の院」は竜頭山（写真2-5、写真2-6）である。「奥の院」ということは、一般的に元々の寺社の場所を意味することから、竜頭山が秋葉寺の元（神体山）になると考えられる。現在でも、竜頭山の西にある平和（ひらわ）からの登山口に奥の院を示す明和6（1769）年の道標がある。

　竜頭山の標高は1,352mで、頂上に続く南側の岩群の場所にはかつて祠があったといわれる[17]。そこは現在、四阿のある付近であり、祠があったということと、岩群の様相からここは磐座の可能性が強い。つまり、竜頭山が当初の聖地であり、後に頂上から200mほど低い天竜林道沿いの戒光院跡付近へ大登山霊雲院が、さらにその後、赤石山脈の南端である秋葉山へ信仰の中心が移され、秋葉大権現が出来たと考えられる。

　また、竜頭山山頂付近の南側に絶壁がある。この絶壁は、東覗きや、七十五膳供献岩などの修験道場に使われたとされる（写真2-7）。その他、飛岩には上下2本の突き出た岩の間隔が5mほどあり、この間を飛び越える修行をしたとされる。さらにその近くには、役の行者の仏像と共に座禅岩もある。

　以上のようなことから、秋葉山から竜頭山までの秋葉古道の歴史は、鎌倉期の修験道が盛んであったころから8世紀に銅を探し求めた時代を経て、後述の事柄も加えると原始時代まで遡ることができると考えられる。

写真2-5　竜頭山頂上近くの祠跡推定地

b）山住神社と常光寺山

　有史以来の山住神社の祭神は、いわゆる「山の神」であったが、諏訪神社の神から熊野神社の神も関わるようである。709（和銅2）年、瀬戸内海の大山祇神社から分神され、明治時代から山住神社の名称になった。つまり、山住神社は「山の神」の主でもある山祇（やまずみ）神社の系列ということである。山住神社の歴史を物語るものの中に、境内に2本ある杉の巨木がある。太い方は実測幹周りが845cmあり、現地の説明板では樹齢

写真2-6　常光寺山から望む竜頭山（最南）

写真 2-7　竜頭山の「七十五膳供献岩」右下に石仏

写真 2-8　山住神社

1,300 年といわれるが、愛知県最大の巨木である「貞観杉」の幹周り1,240cmと比例配分すれば900年くらいであろう（写真2-8）。神官に聞くと、他にも巨木があったが伊勢湾台風で倒れたという。このような巨大な杉を擁する山住神社の「奥の院」は、修験道の時代より遡る信仰を集めた山の可能性がある。鎌倉秀雄現宮司から「常光寺山が山住神社の奥院である」と聞いたので、常光寺山（標高 1,438m、写真 2-9）を調査した。

写真 2-9　南から見る常光寺山（左の肩が高天原）

　山住峠（標高 1,107m）の近くに、奥の院から昭和61年に移された「常光神」という4㎡ほどの祠がある。その祠を通り越して家老平といわれる駐車場から、原生林の山道を約2時間歩いて二つ目の峰に、高さ8mあまりの「赤岩」（写真2-10）と呼ばれる岩壁が東向きにある。朝日に映える好条件だから、常光神と結びつくと考えられる。

　赤岩の岩壁全体は赤く、所々黒い金属混じりのチャートと見られる。岩壁前面は広く平地になっていて、住民が祭祀の出来る地形である。岩の正面から見ると、前述の内容の他にも、天辺が滑らかで巨石信仰に値する形状であり、「鏡岩」の部類になると思われる。常光寺山は、この頂上付近が真っ赤な岩石地帯にある。この赤い岩石は、その色から名付けられた赤石山脈の延長上にあることを示す。この「赤岩」の上部を越えた西隣りの

写真 2-10　常光寺山の赤岩

峰が常光寺山の頂上であり、そこには小祠があるが、これが元々の常光神（奥の院、写真 2-11）といわれる[18]。

山頂から麓を見ると、山住神社は真南に位置する。奥の院から南麓に現在の神社があるという配置は、他の神社でもよくある事例である。そのようなことから、常光寺山も愛知県の鳳来寺山と同様、原始時代からの巨石信仰と神体山であることが想定される。「赤岩」は「鏡岩」と同様な扱いをされていたから、山の名前に常光という文字が入り、また一時期、山頂から 200m ほど西の肩にある高天原に寺があったといわれるので、常光寺山という名前になったと考えられる。なお、高天原の天神岩と呼ばれる高さ約 80m の崖の上に常光神とよばれる祠があるが、付近には修験道と関係深い役行者と蔵王権現の石像があるので、その祠は修験道に関わるものと考えられる。なお、常光寺山は現在、山住神社の所有から離れたので奥の院の信仰は薄れた。

写真 2-11　常光寺山頂上の祠

次の説は重要である。「秋葉山の信仰は常光寺山から移ってきて江戸時代に著しく発達している。山の背の道は秋葉参詣以前の修行者の道である」[19] ということである。つまり、常光寺山の「光」の信仰が南の竜頭山を経て平地に近い秋葉山の方へ集約され、焼畑農耕や冶金と結びついた火の信仰が、長野県飯縄山からもたらされた秋葉信仰（秋葉三尺坊）と結びつき、力強く根付いたと考えられる。

山住神社は 1513（永正 10）年水窪の高根城主が改築し、天正 4 年大刀を奉納している。由緒書きによれば、「徳川家康が山住神社に刀剣を奉納している（1576 年 2 振り）。また、1733（享保 18）年落雷により火災、1879（明治 12）年建て替え」とあり、山住神社は重視されていたことが分かる。

c）秋葉山と光明山

街道の話から外れるが、常光寺山の赤岩と関わるので、秋葉山から気田川を隔てた南の光明山（標高 540 m）の鏡岩を巨石信仰の事例としてあげる。記録に残る江戸期の旅は、光明山と秋葉山は対であり、参拝者の多くは光明山の方を先に参拝したとされている。なぜ光明山がそんなに有名であったのであろうか。実は、巨石信仰と関係があった。

戦国期から秋葉山は「火の神」であり、光明山は「水防の神」とされているのであるが、この山には「鏡岩」があることから「光明山」と称され、その別名が「鏡山」となっている。鏡岩は本来、光りとか火に関わるが、この山を「水防」に結びつけたのは、火防の秋葉山に対して後からこじつけたように思われる。

「鏡岩」とはどんなものか、「鏡は原始人から恐れられ、弥生期には神聖視された。人の善悪も写し出し、悪事をはたらいた人は黒く写るとされた。また今まで犯した罪や穢れを鏡に写して、鏡岩の上から投げ捨てる滅罪の祈願をした。これは現代、各観光地の崖の上で行われる"かわらけ投げ"に名残がある」[20] とされる。このようなことから、愛知県の鳳来寺山には高さ 60m・長さ 100m ほどの岩壁があり、江戸期まで鏡の奉納が多かったとされている。

光明山の鏡岩は山頂近くにあり、東向きの高さ約 6m、長さ約 40m の岩壁（写真 2-12）である。岩質は

写真 2-12　光明山の鏡岩

秋葉山と同様な鉱物を含む茶褐色の岩である。鏡岩の北東には、別の岩壁に囲まれて、「奥の院」とされたお堂の跡がある。その後、南方の広い土地に城が出来、その跡へ大鏡山光明寺が出来、1934（昭和9）年に焼失して、現在その寺の跡は光明寺遺跡と称されている。奥の院は、1938（昭和13）年に光明寺と同じ場所の麓へ移された。

　東方を向いた鏡岩は、太陽を意識した重要な鏡岩であったと思われる。鏡岩（岩壁）信仰は、滋賀県の「日吉神社」や三重県熊野市の「花の窟」が有名であるが、愛知県には「鳳来寺山」を初め18箇所の鏡岩（岩壁）信仰[21]がある。鏡岩も磐座に属し、金勢（男根）信仰・環状列石等と同様に原始巨石信仰である。磐座は神社が出来る前の御神体と思われる。なお、巨石信仰が原始時代からあったという証明は、例えば山梨県北杜市の縄文時代の金生遺跡が男根を祀り、男根状の岩が各地の磐座となっているので、巨石信仰は縄文時代からあったと推定される。

　以上をまとめると、常光寺山や竜頭山・光明山にある原始時代からの巨石信仰は、焼畑農業や冶金と結びつき、中世から修験道の山伏が介在して、「火の神」を赤石山脈南端の秋葉山へ設定したようである。したがって、当時からこの秋葉古道には人々の往来があったと思われるのである。

(5) 信仰の道・秋葉古道—秋葉街道

　このように、秋葉古道の成立の背景となっているものが古代巨石信仰の存在であり、光明山・竜頭山（りゅうとうざん）・常光寺山などを結んで往来した尾根道が最も古いものであろうと思われる。なお、街道という呼称は近世の五街道以降盛んに使われるようになったが、元は「みち」、「往還」などが汎用語といわれる。

　さらに、信州の諏訪信仰の元はやはり磐座を擁する守屋山東峯の巨石信仰であり、遠州と諏訪の信仰の往来も考えられる。そのために秋葉古道が大祝道ともいわれる。熊野信仰との関係は、鎌倉期の熊野修験道から今でも山住神社の本殿に見ることができ、室町期には信州善光寺詣でが遠州からも行われたといわれる[22]。

写真2-13　このような尾根道から5回下降（秋葉山南東の小奈良安）

　近世の秋葉山への道は一般に秋葉みちといわれ、明治期から秋葉街道といわれるが、この「信仰の道」は、前述したように、古くからの道を受け継いでいると考えられる。秋葉山への信者は秋葉道者（どうじゃ）と呼ばれた。秋葉山への表参道は、東海道の掛川市〜森町〜領家から山頂へ登るルートであった。この中、森町三倉〜領家までを例にとると、尾根の道から谷底の道へ5回ルートが変わっている（写真2-13）。こういう状況を道の下降運動という[23]。「下降運動」という状況は一般的に多くの街道に見受けられるが、これは江戸時代以降、世の中が平和になって戦いも減り、荷車や牛馬車・自転車などの車両が出現したために、徐々に勾配の緩やかな谷底のコースが選ばれたことによる[24]。

　飯田市下久堅に住む郷土史家の熊沢美晴氏によれば、飯田市では、中央道に沿った一番高い県道が、「上道」（うわみち）あるいは「伊那街道」といって最も古く、現在の幹線は最も低い三段目になる。またその道を含め、市

写真2-14　飯田市鳩ケ嶺八幡宮前の道標

第2章　秋葉古道と秋葉信仰

内各地には秋葉山を示す道標や石碑が沢山ある。例えば、飯田市の「鳩ヶ嶺八幡宮(やわたさま)」の前の道標には、「右しもじょう・左あきは道、宝暦十年（1760）」と案内されている（写真2-14）。

図2-1に示すように、飯田市方面からは「小川路峠」（標高1,490m）を越えて行くルートが有名だが、その他にも天竜川左岸を下って温田(ぬくた)～谷京峠～水窪の道、さらに天竜川右岸を下って平岡～大津峠～水窪を経ていく道などもあったとされる。

このように、戦国時代までの古道では、高い尾根道を選ぶ例がほとんどであった。山頂の秋葉神社は麓から50町目（約5km）にある。北へ尾根を約12km行った竜頭山を経て、山住神社から信州へ繋がる秋葉古道は、信州への古道で「塩の道」としても使われたことになっている。現状ではこの秋葉古道の沿線に住居はほとんど見当たらず、遠方に東西両側の山並が見える。

江戸期以降では、秋葉神社から2km余北へ行った「前不動」から天竜川渓谷中腹の下平山まで下りて、図2-1、図2-2のように上平山径由で水窪へ行く中腹の道が、利用者が多かった道であったといわれる。そのルートを含む掛川～森～秋葉山～上平山のコースは大正時代から昭和49年まで県道であった。県道であっても現在まで登山道であるから、車輌は通行不可能の山道である。この道の前不動から下平山の間を歩いてみると、道のりの半分ほどが尾根を利用している。

太平洋沿岸から信州へ行くルートは、天竜川沿いに進めばよいと一般的に思われるかもしれないが、天竜川沿いの道筋は大変蛇行していて急峻のため、歩くことが出来なかったのである。

1978（昭和53）年に戸倉から秋葉山まで、1980（昭和55）年に東雲名から秋葉山までやっと車道が開通している。1984（昭和59）年に出来た天竜林道は、秋葉山以北から山住神社までの秋葉古道にほぼ沿っている。この天竜林道は現在、山住峠を越えて水窪ダムの方面まで続き、観光道路化している。

山頂の秋葉神社から先の秋葉古道については、浜松市在住の浜北勤労者山岳会代表者である近藤饒氏（1946年生まれ）に案内していただき歩いた。神社北側の駐車場から久保田古道（JR東海道線が出来る前までは、主に東京や静岡市方面から秋葉山への古道）分岐点を経て、「前不動」→36・39町目石→天竜林道を横切り西側の山へ→久保田からの現在の舗装道と交差→その先は真っ直ぐ山へ入ると「さいの河原」（写真2-15）に至る。

「さいの河原」碑→「一杯水」碑は峰道の数少ない水場。この両方の石碑は天明7（1787）年に新城の人が建てたという銘がある。→近道して山を越える→ほぼ林道沿いに進む→八尺坊祠の分岐点に至る。

この付近の秋葉古道には、幅員が約1.2mで縦断勾配が最急約45度という所もある。幅員を測る場所として、風化が進み測定は困難な場所を避け、1箇所のみ盛土区間があるのでそこを選定した。

写真2-15　「さいの河原碑」の右が秋葉古道

写真2-16　竜頭山付近の秋葉古道

八尺坊祠→尾根（写真2-16）→戒光院跡を通る→ほぼ天竜林道沿い→山住神社駐車場手前、ここから従来の秋葉古道の説明によれば、山腹を降りて、水窪の町へ下りるとされている。駐車場手前は山住峠近くだが、そこから山腹にある尾根を下りていくと、やがて家康腰掛石を通る。

家康腰掛石からは山住字河内浦(こうちうれ)という谷底の集落に至る。この山腹を降りる標高差約600mの道には、勾配

が60度ほどの急坂もあり、この道では武田軍の騎馬隊が通過するには急過ぎて困難と思われ、せいぜい歩兵である徒組の通路であったと思われる。

その先の切り通し峡では、両側が絶壁の地峡のため、主に江戸期に使われた道は再び坂を上り、北側の山腹を通った。つまり、山住字河内浦から字臼ヶ森の高いところを通っていたが、明治・大正期の道は崖の中腹にある高さ・巾とも1.8mほどのトンネルのある道（写真2-17、写真2-18）を通り、いずれも次の沢で現道へ合流していた。昭和期に入って現在のような川沿いの道路になり、1954（昭和29）年に拡幅して現トンネルが出来て、水窪の町から河内浦までの車道が開通した。河内浦〜山住峠〜門桁までの県道は、1965（昭和40）年に開通した（写真2-19）。

ところが、最古の道は、山住峠から尾根伝いに常光寺山径由で、信州へ向かう道があったと考えられ、このルートは次の（3）項で後述する。

ここに秋葉詣での交通量を示す記録がある。「1772（明和9）年頃、戸倉〜西川の天竜川渡し（鳳来寺方面）

写真2-17　崖中腹の旧道、正面奥にトンネル有り

写真2-18　同左、右下に現県道

写真2-19　現在の県道、切り通し峡

は年間25,000人で銭16貫文、他の堀之内〜領家〜東雲名〜西雲名（南方の浜松・掛川方面）は銭1貫文の収入であった（4貫文は金1両）」[25]。秋葉山への参詣者は、この他、参道に残る常夜燈の寄進者、あるいは秋葉寺に聞いても、愛知県方面が断然多かったことになっている。

一方、天竜川を利用した通船が1636（寛永13）年に伊那から下流に始まり、これを利用した秋葉詣でもあったが、危険を伴うと共に、上りは急流のため乗船は出来ず客は少なかったようである[26]。

2.3　秋葉古道の役割―時代と共に

この秋葉古道のある赤石山脈南部は、秋葉山の登り口から県境の青崩峠（標高1,082m）・兵越峠（標高1,168m）までの距離が約50kmある。秋葉古道は、時代によってルートや役割が変わっている部分もある。

（1）黒曜石の道として

浜松市天竜区春野町の生涯学習課の桐下氏によれば、坂下の東側にあたる通称原という所にある縄文時代の

第2章　秋葉古道と秋葉信仰

「御堂平遺跡」や、気田小学校南の「麻舟山遺跡」などから、長野県の諏訪湖北方にある和田峠産の黒曜石が見つかっている。（図2-3）

浜松市役所文化財担当の佐藤氏によれば、「旧浜松市内の中区蜆塚町四丁目の蜆塚遺跡・西区雄踏町の長者平遺跡・北区都田町の川山遺跡などの縄文遺跡には、和田峠産の黒曜石が多い」とのことである。

石器時代から和田峠産の黒曜石が各地へ運ばれたが、それは長野県国道153号の治部坂峠の遺跡からも発掘されており、尾根の道が使われていたと思われる。縄文人は主に山腹や山麓で生活していて、焼畑農業や狩猟生活のために尾根を活用していたことが多かったといわれる。秋葉神社所在の山頂から石斧が出土していることからも、縄文人は尾根の秋葉古道を往来していたと考えられる[27]。

秋葉山のある浜松市天竜区春野町域の縄文遺跡群は、「里原遺跡」を中継基地にした道筋を形成しており、「春野町史」では図2-3に示す縄文遺跡のネットワークを「縄文街道」と仮称している[28]。

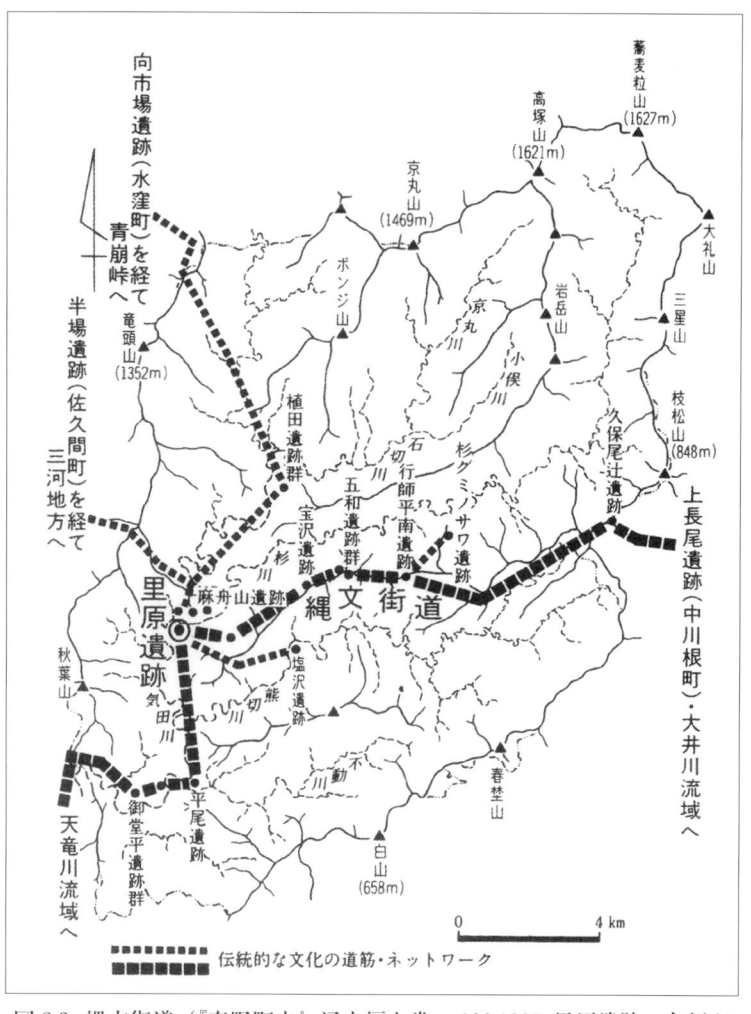

図2-3　縄文街道（『春野町史』通史編上巻, p.100, 1997. 里原遺跡の左側が秋葉山）

前記の桐下氏によれば、この縄文遺跡の各々からも和田峠産の黒曜石が出土しているそうである。そしてこのコースは、熊切川と杉川の間の尾根を通るものであり、縄文人は渡河部の少ない尾根のルートを多用していたことが分かる。尾根の道は、さらに獣に対しても有利であり、湿地が少ないなどの便利さがある。この縄文街道筋は、図2-1に示す静岡市〜川根〜越木平〜秋葉山とも重なっている。このルートは歩く場合に近道なので、ＪＲ東海道線が出来るまでの関東方面から来る秋葉詣での道、あるいは浜名湖の南にあった新居の関所を避けて通る道でもあったといわれる。

やはり浜松市役所の佐藤氏によれば、浜松市の蜆塚遺跡から北陸糸魚川方面の姫川産のヒスイが出土しているといわれる。これも、この中央構造線に沿って来るルートが使われたと推定される。

黒曜石の道は、秋葉古道北部の山住神社から北進して、地頭方にある水窪ダム（33戸水没）方面から兵越峠へ向かう尾根の道が主な道であったと考える。このルートについては本節（3）項で述べる。また、浜松市水窪民俗資料館の伊藤氏によれば、水窪地区の5箇所の縄文遺跡にも和田峠産の黒曜石が出土しているそうなので、こちらへも県境の青崩峠や兵越峠経由の道が使われたと考えられる。

(2) 塩の道として

信仰の道や黒曜石の道は、また古くより塩を代表とする生活物資の運ばれた道でもある。塩は縄文時代から土器製塩が行われ、内陸まで運ばれていた[29]。したがって、縄文時代から塩が運ばれた道があったことになる。塩の道は、主に近世になると、太平洋岸の産地である相良〜掛川〜秋葉山〜赤石山脈の中腹へ降り、下平山（写真2-20）〜上平山〜水窪〜信州へと各集落で取引しながら通ったものとされる。

写真2-20　下平山に残る近世の塩の道（右は元宿屋）

古くからの塩の道について文献から拾うと、「秋葉街道とも呼ばれるこの道は、秋葉山のために拓かれたのではなく、相良・御前崎の海まで続くのであるから秋葉より古い信州街道と呼ばれる道である」[30]ということは、塩の道は秋葉信仰より古いことを意味しているのである。

生活物資にはこの他にも各種があったが、山の幸や海の幸の種類は時代によっても大幅に異なる。例えば、男の丁髷や女の日本髪を結う「元結い」は、江戸時代まで飯田の特産であった。その他の山国の産物は、タバコ・和紙・木材・薪・炭・絹・挽物（木地師の製品）や漆器・こけら（柿葺き用板）・鉱物・串柿・栗をはじめとする木の実などである。平地からは塩・茶・綿・瓶・酒・砂糖・魚の干物・鉄製品・みかんなど各種の産物があった。なお、信州での茶は江戸期まで、霜害のために生産が困難であったとされる。塩の道は近世以降、飯田線が出来るまで、これらの交易のために最も多く利用されたと思われる。交易の品々でも重い物は、西渡まで川船も利用された。

本研究で扱う地域の北端である水窪に関して、「信州と遠州の中継基地とされ、1564（永禄7）年には月に6度の市を開いた」といわれる[31]。水窪は遠州と信州の間にある最大の町で、繭・楮・こんにゃくなどの産物があり、周辺の山間部には今より多くの人家があったので、市場が開かれる適地であったと思われる。塩をはじめとする生活物資は、途中の下平山や上平山あるいは水窪などの人家の多い所を通って商売をした方が、得策であったと考えられる。

（3）戦いの道として

戦乱は古代から続いているが、いつの時代の戦争でも、どの道を通ったか分かりにくいことが多い。南朝後醍醐天皇の皇子宗良親王方は、浜松市井伊谷に留まろうとしたが、北朝方の足利尊氏方に攻められ、この秋葉古道沿いの奥地へと逃れたといわれる。秋葉山頂の秋葉城は前述のように14世紀初め、宗良親王のために天野氏によって築かれたとされるが、居づらくなり信州大鹿村へ逃れたとされる。元大鹿村村長の中川豊氏に伺うと、天竜川の左岸側は全て南朝方であったから通りやすかったといわれる。この南朝方が往来した道が秋葉古道であり、中央構造線沿いの秋葉街道と思われる。

戦国時代における秋葉山の表参道から尾根を兵越峠や青崩峠の方へ行く道は、武田軍による「秋葉の棒道」ともいわれる。武田軍の棒道は信州の八ヶ岳山麓にもあるが、高い所を目的地へ向けて最短距離でほぼ2列の軍勢が進むことが出来るようになった部分が多い。

春野町領家に住む郷土史家の木下恒雄氏によれば、「1568（永禄11）年、武田信玄のもと、秋山信友が2千人を率いて秋葉古道から犬居城へ入っている。その後、信玄はこの道を二度通ったといわれ、一度は1571（元亀2）年3月の高天神城を攻めた後、犬居城を経て高遠への帰途、二度目は1572（元亀3）年10月10日、約2万5千人の兵で徳川家康との三方原戦へ向けてである」といわれる。図2-4は、山住神社から北方の秋葉古道への拡大図である。

次に述べる内容は、旧畑梨の住人であった坂本孔司氏（1937年生まれ）と水窪ダム付近の根という所に住んでいた坂中保男氏（1927年生まれ）の証言、さらに現地踏査の結果によるものである。そのルートは、山住峠～常光寺山～畑梨～根～時原～吊橋～針間野（写真2-21）～兵越峠～八重河内の此田で近世の秋葉道と合流するもので、こちらも尾根の道を多用しており、水窪の町を径由するより近道である。

昭和初期でも、牛に特産の楮やこんにゃく芋を積んで、針間野から尾根を通って兵越峠を越へ、此田や和田で売って来た人があったそうである。谷底を通って長野県へ通ずる車道は、1972（昭和47）年に開通してい

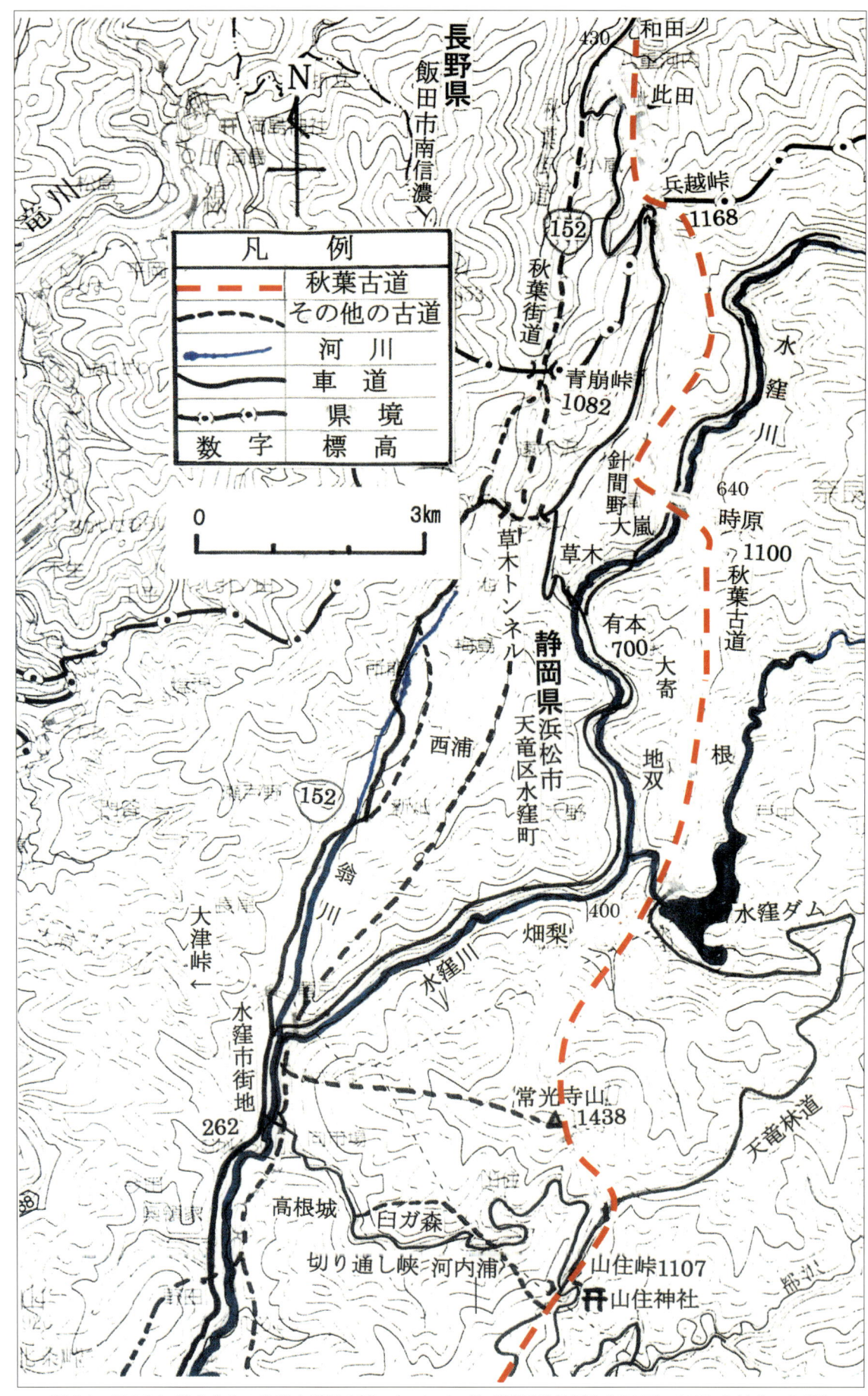

図2-4　図2-2に続く北方の秋葉古道拡大図　（アルプス社「静岡県地図」1/20万、2006.を拡大・加筆）

るのである。兵越峠から此田へも、図2-4のように現在の舗装道と異なり、ほぼ真っ直ぐ尾根を通っていたそうである。このルートは、水窪町の地図によれば、破線で表されているので、やはり旧道があったと思われる。

針間野と大嵐(おおぞれ)地区の住居は、戦前までは31戸あった。現在はほとんど廃屋となり、元から住んでいる人は林実雄氏（1921年生まれ）1人のみである。氏には、古道ルート、杉の根元にある金毘羅さん（写真2-22）、金山神社の場所、王子の墓とされる約600年前の宝篋印塔や鏡の出土、祭り、焼畑農業のこと、対岸の山から経筒が出土した話などを聞いた。運よく弟の文男氏にも話を聞くことができたが、中学生のころ尾根伝いに、針間野から兵越峠まで行ってきたことがあったそうである。

また一方、水窪市街地からもほぼ中央構造線、つまり国道152号沿いに古道が青崩峠を経ていた。青崩峠と兵越峠をつなぐ古道もあった。しかし、黒曜石の運搬や、遠距離の通報・進軍のために急を要する場合など、

写真2-21　針間野の秋葉古道、廃屋の間を登って来ると次の写真の大杉へ至る

写真2-22　秋葉古道沿いの針間野にある、大杉と金毘羅宮・馬頭観音

写真2-23　根に残る最古の尾根古道

写真2-24　根から時原の途中にある馬頭観音類

写真2-25　旧道に架かる水窪川の橋

写真2-26　大嵐の廃屋から左上方に針間野がある

写真 2-27　大嵐から針間野への道（途中まで草が刈ってある）

写真 2-28　林宅の右側を旧道は登って行く

写真 2-29　林さんと東側の赤石山系の奈良代（ならしろ）山

水窪の町に関係ない最短の道には、図2-4の東側コースのように、針間野・兵越峠径由の最古の道が使われたものと思われる。

水窪ダムから北へ最古の道を訪ねた。林道沿いに急な坂を登って尾根に出ると、八坂神社と学校の跡がある。そこから尾根伝いに林道をさらに登っていくと、根という所に民家の跡があり、そこで出会った地元の人に聞くと、写真2-23のような林道脇の旧道が時原～針間野へ通じる道だったということである。この旧道は、2009（平成21）年度に開通した時原へ通じる林道より、高い所まで登ってから時原へ下りている。途中に1813（文化10）年銘ともう一つの馬頭観音がある（写真2-24）。写真2-25は水窪川の渡河部であり、写真2-26は大嵐の集落で無人である。写真2-27は大嵐から針間野へ行く道中である。写真2-28は林宅の遠景である。写真2-29の林宅から東側は赤石山系である。

諏訪方面（信州）と浜松方面（遠州）を結ぶ、運搬・通報・進軍などの中世以前の道は尾根を通る秋葉古道としたが、山住神社から南は気田川沿いに勝坂城砦もあった。しかし、気田川沿いは極めて急峻で屈曲しているので、主な通路としては考えにくい。

秋葉古道は、全くの独創的な解釈ではなく、「青崩峠を通る現国道152号沿いのルートには、西浦という地名があるように、本道はそれより東を通っていた」[32]という記述が参考になる。ただし、この記述の続きは、最古の道が水窪川沿いとしているのでそこの部分は本書と異なる。

上平山・下平山を通る塩の道ルートには、水窪地区切通峡下流に高根城跡があり、上平山で戦もあったといわれるから、このルートも戦いの道としても利用されたことが推測できる。しかし、この道で数千～数万に及ぶ長蛇の隊列には無理があるので、幾つかのコースに分けて進軍したものといわれている。

城跡は古道沿いに多い。秋葉古道の場合にも前述した犬居城・秋葉城・高根城などがあった。秋葉古道の延長上になる中央構造線沿いにも、飯田市南信濃の和田城や伊那市の高遠城などがあった。

以上、役割から見て古道を「神体山・黒曜石・信仰・塩・戦い」の道に分けたが、各々専用の道があったわけではなく、また同じ道でも往来者の目的は色々であり、各種情報が古道を往来したことも推定される。古道の役割には「文化交流の道」もあった。花祭り・田楽・三河万歳・浪花節などの山伏に関わる芸能の道、冠婚葬祭・郵便・前記以外の参詣など、その用途は千差万別であったが、古道の多くは山の中で今でも大部分残っている。

（4）尾根道の特長

これまで、秋葉古道は尾根を多用していたと述べてきたが、冒頭にも記述したようになぜ古い道ほど高い尾根を通ったのであろうか。その理由を次に挙げてみる。

①見通しが良いこと。
②敵や獣に対して有利であること。
③乾いていて歩きやすいこと（川の横断が少ない）。
④崖の下を通らないので、落石の危険がないこと。

などが考えられる。具体的に「見通し」とは敵の様子や、出水情況などのこと。「獣」とは熊・猪・猿・狼、さらにここでは、マムシ・蜂・蛭・毒虫などをいう。狼は江戸時代まで日本各地にいたといわれる。

また、古道は地形にもよるが、目的地まで登り下りをいとわず地図上の最短距離のルートを選ぶ、という傾向が顕著である。

2.4 民俗的なこと

（1）地名のこと

秋葉は既に火に関わる地名として述べたが、地名はかなり昔の地形・特産・災害地を物語っていることが多い。筆者が愛知地名文化研究会の会員として、研究した内容を主に郷土史と当地域に関わるものの中から選んで以下に記述する。

青崩峠（あおくずれ）；青黒い色の蛇紋岩が、道を整備しても毎年のように崩れて傾いてしまうので、このような地名になったといわれる。

犬居（いぬい）；秋葉山の南麓にあたる犬居について、「犬居という地名は、気田川の水に浸される土地という。犬居は気田川の屈曲部にあたる低湿地ということである。洪水の時に田園部へ泥が溜まることを方言で堰泥が居る（いぬま）という。犬居島は山奥に数少ない田園部のことをいう。乾（いぬい）とも書いた。」[33]犬居からは秋葉山が乾（北西）の方角になるが、秋葉山からは南東に当たるので犬居という地名は方角をいうのではないと考えられる。

浦（うれ・こうちうれ・にしうれ）；河内浦・西浦のウレとは、川の源流の行き止まりで川が曲がっている所といわれている。宇連（うれ）・川売（かおれ）などとも書くが、奥三河にも多く見られる。

大嵐（おおぞれ）；焼畑地名。1808（文化5）年死者17名という山津波が襲った所でもあるので、恐ろしい所でもある。

ケタ；この辺りには、門桁（かどけた）・気田（けた）・気田川（けた）などケタという言葉の付く地名が多いが、何であろうか。地元の木下氏によれば、この川を上った鮭のことをロシア語や学名が、ケタとなっているからといわれる。しかし、ケタは方言にもあるように、谷に沿った高い台地、河岸段丘といわれる[34]。したがってここの場合は、坂下付近の原地区にある台地をいうと思われる。

天竜川；二俣から下流は扇状地になっていて、そこを竜がのたうつように洪水が乱流した様をいうと考えられる。竜は洪水の様子を表し、各地に水際の龍神様が祀られている。

原（はら）；坂下の東にある領家の旧字名で、現在は気田川水面より約30m高い平地。太古には和田と同様、この付近の気田川の氾濫地で、洪積台地のように栗石のある所。

針間野；針は金属を表す。針は穴が一つなので一つ目小僧と同じく鍛冶屋を表す。炉の中を覗く鍛冶屋は、歳をとると片目が悪くなるので一つ目小僧に例えられる。

兵越峠（ひょうこし）；標は境の目印を示す。柳田国男の研究を参考にすると、信州と遠州の境を越える場所から名付いたと思われる。ここを武田軍の兵が越えたから兵越の文字を文字を使用したのであろう。

水窪（みさくぼ）；信州と遠州の中間にあって、市場も開かれたという水窪は、太古の時代は湖であったため、領家や地頭方は荘園の名残を表す地名といわれる。

和田（わだ）；水のわだかまる所。周囲を水に囲まれた所とされる。秋葉山の南麓と、兵越峠の北麓にある。

第2章　秋葉古道と秋葉信仰

(2) 住む人々のこと他

ここでは、当地域を地元の人達に尋ね歩き、調べて分かったことなどを断片的に述べる。

秋葉山の表参道にあたる犬居に『綱ん引き』という祭りがあるが、これは竜の姿を竹・柳・葦などで作り、集落付近をうねって水難防止を願うものである。犬居こそ水害を恐れた地区といわれる。

水窪川は別名、栃生川（とちう）ともいわれ、その名のとおり川縁に栃の巨木が何本も残されている。最大のものは、河内浦にある幹周り850cmのもので、水窪川支流の水窪河内川を河内浦集落から1kmほど上流へ上った川の中にある。河内浦の古老に聞くと、川を流れてきた栃の実を食べていたそうである。

秋葉山から山住神社までは、一塊で約25kmといわれる。この山脈の西側には約1,000m下方に天竜川が流れている。この付近の天竜川右岸中腹の民家は、明治期の植林の関係者ではないか、また反対側の左岸中腹の民家は、銅鉱山の関係者ではないかという説がある。

他にも山の高いところに点々と集落があったが、「そこに住んでいた人達は谷底まで降りることは少なく、尾根を越えて往来していた。そして、例えば日本のチロルと呼ばれる飯田市下栗の人達は、大井川沿線の井川や田代から光岳（てかりだけ）を経て飯田へ通ずる道筋を辿ってきたといわれる」[35]。古来から、このように人々の往来が山道では頻繁にあった。

前述のように、山住峠から北方について、常光寺山から兵越峠を繋ぐ尾根の道があったといわれる。このルートの最奥の集落は針間野（はりまの）であった。ここを訪れると、山脈の南斜面に戦前まで下方の大嵐と合わせて31戸あったが、今は林さん一人のみである。平地が少なく、かつての畑だったところは、平均40度ほどの傾斜地である。尾根の道は牛道ともいわれ、昭和の初期まで荷物の運搬に牛が使われた。そのため、金山神社の持ち主であった坂下金長さんは、牛の種付けを商売としていた。

針間野の特徴は、金毘羅さんの石祠が大杉の元に6基あり、そこより下方に金山神社が祀られていることである。その他八幡社・稲荷神社・虚空蔵さんがある。これは地名もさることながら、何か金属に関係していた所と思われる。金毘羅さんは今では航行の神といわれるが、その元は金属の神と思われる。なぜなら、金毘羅さんは伊那市高遠町の杖突峠や飯田市の丘陵地で秋葉山と共に祀られ、茨城県鉾田市の金刀平比羅神社では金山彦命が祀られており、針間野の対岸の時原には「カジヤ」という屋号の鍛冶屋があり金毘羅さんを祀っていたからである。金山神社は、いうまでもなく金属に関わる社である。八幡社も大分県の宇佐神宮が本であり金属に関わる武神である。稲荷神社は京都の伏見稲荷が本であり、鞴祭りや三条小鍛治の話があるように境内の土や水で刀の焼きを入れていたので、本は金属の神である。

虚空蔵さんも岐阜県の鉱山である金生山には『虚空蔵さん』と呼ばれる明星輪寺があるので金属に関わる。そして、時原の「カジヤ」の苗字は「家持」（かもち）さんというが、読み方を変えれば「鍛冶」さんである。針間野には黒い礫岩や赤黒い石があるので金属を含んでいる地域と思われる。

針間野には約600年前の皇子の墓とされるもの（写真2-30）があり、水窪湖の上流にも旧水窪町の文化財になっていた宝篋印塔がある。八幡社と稲荷社を祀る神社の周囲からも約600年前といわれる鏡が出土している[36]。また、ここに一人で住む林実雄さんは、鹿・狸・テン・兎・ムササビ・猪・熊などを獲って売っていた。それでは、この沿線の人家の変遷を、表2-1に戦前と現在で比較しておく。旧水窪町全体では、1940（昭和15）年の人口7559人．1383世帯に対し、2008年9月の人口3029人．1272世帯である。水窪の町は古来信州と遠州の間にあって、宿場とされた。このような状況であるが、近い将来にはさらに減少する見込みである。このように、山間部から平地への人口流出は、

写真2-30　皇子の墓とされる宝篋印塔

後の第5章、第6章で述べる事柄と関わる問題である。戦前の特産に、紙の原料の楮やこんにゃく芋などがあった。これを牛の背中に乗せて、兵越峠径由で和田まで運んだことは複数の古老が覚えている。針間野からこの牛が通った道は、現在の舗装道と異なり、尾根沿いに歩いて兵越峠を真っ直ぐ越えて行って来た。その尾根道は、旧水窪町の地図にも山道として図示されている。だから、大杉の金毘羅さんの場所には牛頭観音や馬頭観音もある。尾根道は後世、木地師や山仕事の人々の道に使われていたといわれる。

表2-1　旧水窪町山間部における家屋数の変化（戸）

	門桁	河内浦	臼ケ森	畑梨	水窪ダム近辺	大寄	時原	大嵐	針間野
戦前	76	8	10	3	60前後	5～6	14	17	14
現在	31	2	2	0	2前後	0	1	0	1

水窪湖のある戸中川沿いには、森林鉄道があった。雨の日は仕事が休みだから、山仕事の小屋から戸中山の尾根伝いに寸又温泉へ行ってきた人があった。昔の寸又温泉は今より上流にあったといわれる。六呂場山(ろくろば)は水窪湖の方から越える峠の山で、木材のような重い物をロクロにより揚げる場所だったといわれる。

現在、水窪川沿いの時原にも屋敷亀三さんという老人が住んでおられるが、その人達は米を水窪の町へ受け取りに行くときは、夜明け前に家を出て水窪川沿いに歩いて往復すると、帰りも暗くなったそうである。屋敷さんは木挽きをやっていた人である。木挽きは、幅の広い鋸で丸太から板を作る職人である。

針間野のような山奥の民俗的な事柄は、食べ物・祭り・山ガツなどが話題の中心になると思われる。食物は田圃が無いので、焼き畑の黍(きび)・粟・小豆・とうもろこし・ソバ・ヒエ・コンニャクなどが主食で、木の実・獣・山芋なども食べたことが想定される。焼畑は昭和40年ころまでやっていた。針間野は山の高い所だから、北側の地蔵峠を越えて草木川を越え、次のやおつ峠か堀切峠を越えて水窪まで往復4時間ほどかかったといわれる。当地では、前述のように紙の原料である楮や、こんにゃく芋などが特産であったといわれる。針間野の祭りは草木の方まで出掛けたそうである。山ガツとは、木こり・炭焼き・狩などを行い収入源を得ることである。水晶や銅鉱石などの鉱石があれば、そうしたものも収入源になったと考えられる。

(3) 旅行者のこと

各記録にある主な秋葉山への旅行者としては、元尾張藩士の俳人である横井也有、勤王家の高山彦九郎が1774（安永3）年に登っている。司馬江漢は1788（天明8）年6月27日から登拝した。江漢は蘭学者であるが、安藤広重の東海道53次の原画を描いた画家でもあるとされる。このときの紀行を『江漢西遊日記』として著した。

・1815（文化12）年秋、十辺舎一九が登り、『秋葉山・鳳来寺一九の紀行』を出版。
・チエンバレン（英国の言語学者）は、1873（明治6）年に来日して、秋葉山を登拝した。
・アーネストサトウ（英国外交官）は、1881（明治14）年8月1日に登拝。縄文街道として述べた越木平の鈴木家に泊まる。当家には、明治時代の植林や架橋をした金原明善も泊まったといわれ、このルートが東京方面の道筋だったことを物語る。
・山岳紀行文『日本百名山』を著した深田久弥は、1965（昭和40）年1月1日に登拝後、久保田古道を降りて京丸山へ向かう。その他多くの人々が訪れたほど有名な所であった。

第 2 章　秋葉古道と秋葉信仰

2.5 尾根古道の事例と現代の交通など

　秋葉古道の成立過程についてこれまでに述べてきた。ここでは尾根古道から現代に至るまでの、遠州と信州を結ぶ経路を扱う。また、土木学会の発表会を行った際の質問についても説明を加える。

　秋葉古道沿線の北部には山の高い所に点々と集落があったが、そこに住んでいた人達は、猟師や木こり・鉱山・炭焼きの関係者などであったと思われる。通常の生活では前述のように谷底まで下りることは少なく、尾根を利用して往き来していた。このように、秋葉古道以外にも尾根を通る古道は多かったと思われる。道の古さは、途中の遺跡・城跡・寺社・石仏・墓石・巨石信仰・道跡の形状などから推定出来る。

　図2-3に示した東西の縄文街道には、縄文早期の遺跡を結ぶルートを示しており、これも尾根の道であった。文献37）の調査のように、名古屋→足助地区→信州（飯田市）を結ぶ飯田街道の近世以降の伊勢神峠は標高約780mに対し、中世まで使われたとされるその東の大多賀峠のそれは約810mと高い所を越えていた。豊橋市→設楽町→信州へ至る伊那街道も、近世以降の与良木峠の標高は約400mに対し、戦国時代のかしゃげ峠の標高は約470mなどと、古い道の方が高い所を通る傾向にあることが明らかである。さらに、中山道の御嵩町→恵那市の間も、現在の川沿いを進む国道19号より数百メートル高い尾根を通っている。これらが代表的な尾根道の事例である。

表 2-2　愛知県内の尾根を通る古道一覧表

No	路　　線	路線延長	尾根部の延長	尾根率	現道からの高さ	最急縦断勾配
1	戦国期の足助街道	28km	10km	36%	200m	35度
2	足助裏街道	29	23	79	300	45
3	道根往還	24	19	79	150	30
4	千万町街道	26	19	73	200	40
5	下山を通る秋葉道	46	20	43	250	35
6	足助からの秋葉道	52	20	38	300	35
7	戦国期の飯田街道	41	23	56	400	40
8	足助からの遠山道	31	16	52	140	40
9	美濃からの秋葉道	30	21	70	300	40
10	戦国期の伊那街道	45	26	58	220	45
11	鳳来寺〜秋葉山	35	30	86	260	40
12	海老街道	41	7	17	240	40
13	設楽からの秋葉道	23	14	61	240	40
14	田峰からの設楽道	9	4	44	180	35
15	蒲郡からの塩の道	53	28	53	140	35
16	豊田の塩付街道	23	15	65	40	20
17	名古屋の塩付街道	16	13	81	20	20
18	岡崎市のやくし道	14	10	71	60	30
19	長篠城〜作手	17	7	41	260	30
20	新城市内の挙母道	13	8	61	−40	35
21	豊田市の秋葉道	4	3	75	200	30
	計	600km	336km	56%	—	—

　注1）他に山腹を通る古道や、谷を避けて峠を越す古道もある．
　　2）古道とは中世以前から使われていた街道とした．
　　3）数字は概略である．

文献[1])および文献[37])などに記載された愛知県下の山地部を通る32路線の中、21路線が尾根を通る古道である。その21路線を表2-2に表した。

中世までは、以上述べてきたように尾根道の時代であった。静岡県浜松市と長野県飯田市という代表的な両地区を結ぶ近世以降の道では、主に遠州街道もしくは別所街道と呼ばれる高低差が少ない愛知県東栄町別所を通る交通が増えてきた。現在では国道151号と国道257号になるが、時間短縮を望む車両は、東名・中央高速道路を利用して岐阜県土岐市径由となる。いずれも愛知県を通る迂回コースになっている。

JR飯田線は1937（昭和12）年に開通し、遠州と信州を結ぶ交通の主体は、鉄道に移った。相変わらず山道を利用する交通は、秋葉信仰や山住信仰、あるいは地区の産物運搬や買い物などの生活のためと思われる。

地元の国道152号のルートは、1890（明治23）年に、天竜川と水窪川の合流点付近の西（にしど）から水窪市街地まで荷車の道が開通している。また、1935（昭和10）年になると、天竜川沿いの道が漸く使われるようになり、バスも通るようになった。それまで車も渡し船だったが、1948（昭和23）年に気田川合流点付近の天竜川に横山橋が架設され、浜松市街地から水窪の町まで車道が開通したものであった。その先の国道152号の青崩峠は、現在でも車両交通が不可能であり、江戸時代の人馬の道が国道指定されている。南から飯田市方面へは、大型車は無理であり、か細い市町村道の兵越峠を越えている。計画では、三遠南信自動車道が浜松市西部から愛知県東栄町を通って中央構造線沿いに進み、青崩峠〜長野県飯田市へ繋がることになっていて、一部分は出来ても全線開通の目途は無い。このルートはほとんどの区間で、かつての秋葉街道となっている。したがって、「現代の高速道路はまた古道のコースに戻る事例が多い」[38])という記述とも符合する。さすがに、秋葉古道は浜松市と飯田市を結ぶ最短距離のコースであっても、標高が高過ぎて延長20km余のトンネルが必要となり、高速道路のルートになり難かった。

この章に関連した発表（第29回土木史研究発表会）に対して、北海道旧道保存会の石川成昭氏から、「北陸の三国街道と呼ばれる上越市〜十日町市〜三国峠に至る古道は、東西に延びる尾根を利用している。尾根でも、雪が少しでも早く溶ける日当たりの良い側を通っているが、他の街道にもその傾向があるか」という質問があった。これに対し、「農閑期の冬に出掛ける旅人が多かったと聞くが、北風を避けたい気持ちは分かる。しかし、この秋葉古道と愛知県下の21路線を改めて調べてみても、あくまでも尾根を利用している路線ばかりといえる。途中のピークを迂回する場合でも南側を迂回するとは限らず、地形の緩やかな方を選んでいる。夏の暑い時期に利用する場合は、山の北側の方が涼しいこともある」という内容が回答である。

寺社と古道のどちらが先に出来たかという問題については、古道が先と考えられる。本文中にて触れたように、黒曜石の運搬や巨石信仰は原始時代からあり、そのために往来する道が既にあったと思われる。寺社が出来はじめたのは、仏教が伝来した後であり、地方では8世紀ころから寺社が出来はじめたと思われるからである。

古道の現代的利用は、第4章で述べることの他、古道を歩くことによって自然に親しみ、森林浴と同時に心身の鍛練として利用できる。現実には、古道が良い雰囲気の勾配とカーブを描くので、登山と同様に歩く人達もある。

2.6　第2章のむすび

本章では、全国でも代表的な尾根道である秋葉古道の成立過程と果たしてきた歴史的役割などについて調査を行ってきた。その結果、秋葉古道は、浜松市方面（遠州）と飯田市・諏訪市方面（南信州）を結ぶ原始時代からの道であり、また沿海部と内陸部を結ぶ古くからの道であること、最も古い道筋は尾根から尾根を結ぶ近道であり、近世からは山腹を利用し、現代では谷底を通っていること、秋葉古道の歴史的役割は、信仰の道、黒曜石やヒスイなど石器運搬の道、塩を初めとする生活物資運搬の道、戦の道などがあったことなどを明らかにした。得られた具体的な内容をまとめれば、以下のようである。

① 秋葉古道の始まった時期は、縄文時代からの黒曜石や塩などの運搬、あるいは常光寺山や竜頭山の巨石

第2章　秋葉古道と秋葉信仰

信仰が盛んであった頃と思われ、その次に中世に活発になった修験道と寺社の参詣などに基づく往来によるものであった。

② 秋葉古道でも、古い方の道は標高の高い兵越峠を通り、その後の道と考える青崩峠の方は標高が低いのである。つまり、秋葉山からその奥の院である竜頭山～山住神社奥の院である常光寺山を経て、根～針間野を通る尾根の道が最も古い道と考えられた。近世から下平山～上平山～水窪の町を通る中腹の道となり、主に近代からは天竜川沿いの道となった。

③ 古い道ほど地図上の最短距離を通っていることが分かった。上り下りをいとわず、なるべく渡河部の少ない尾根を選ぶコースを利用していた。

④ 古道の成立過程としては、尾根の道から始まり、近世になって戦いが減ってくると徐々に山腹の道へ移り、車輌が登場すると勾配の少ない川沿いの道が選ばれてきた。地形によっては、勾配を確保するためにかなり遠回りの道も現れてきた。

⑤ 秋葉古道の役割としては、信仰の道、黒曜石やヒスイなど石器運搬の道、塩を初めとする生活物資運搬の道、戦の道などがあった。付随して文化交流の道としても使われた。

⑥ 現代の浜松市方面と、南信州を結ぶ交通は、地形が急峻のために二車線道路が繋がっていない。したがって主な交通は、愛知県を径由して国道151号か、あるいは土岐市径由の高速道路を利用している。秋葉古道に近いコースで、三遠南信自動車道の計画があるが全線開通の目途は立っていない。

本章の調査に基づいて、その他確認できた具体的な事柄は以下のようである。

㋐ 秋葉山（秋葉大権現）の奥の院が竜頭山であったこと。秋葉古道沿いの奥の院に奈良時代の大登山霊雲院が開かれ、そこへ平安時代の源頼義をはじめとする武将が刀剣を奉納している。その後、霊雲院は秋葉山へ移り、15世紀から火の神として秋葉大権現となった。

㋑ 最古のルートとする根～時原～針間野間には旧道が残っており、その途中には廃屋と石仏（馬頭観音）ならびに水窪川横断部には吊橋が残っている。

㋒ 秋葉古道を使って運ばれた物資には、秋葉山の銅と針間野付近の金属も考えられる。

㋓ 山住神社の奥の院が常光寺山であり、常光寺山の中でも信仰の中心は赤岩と呼ばれる磐座である。

㋔ 常光寺山の西側にある高天原の岩壁上部の祠は、修験道に関わるものと思われる。また、中世以来信仰が盛んだった秋葉大権現を受け継いだ寺は秋葉寺であり、秋葉神社の創立は明治時代であること、などである。

古道の現代的効用として考えられる事項は、第4章で述べるような災害時に活用できることの他、次に挙げるようなことがある。

（ⅰ）古道を歩くことによって自然に親しみ、森林浴と同時に心身の鍛錬として利用できる。

（ⅱ）新しく高速道路をはじめとする幹線道路を造る場合に、古道のルートが参考になる。

こうした古道は他地区にも沢山あるが、それらは草木に埋没し、忘れられつつある。古道の保存方法では、浜松市の浜北勤労者山岳会が秋葉古道で行っているような保存・管理・活用などの自主活動が好ましい。古道の中でも、東海自然歩道に指定されている部分もあるが、地域の自主活動で草刈りをしている地区もある。今後の展望として、古道の整備に関する今後の課題として、改造しすぎても昔の雰囲気が消えるおそれがある。

注1）仁王像は、明治18（1885）年に新城市（旧鳳来町）巣山にあった金竜山高福寺のものが移転された。明治初年の廃仏毀釈によって荒れ果てていたものを明治18年に巣山の人達が運んだ。秋葉寺へ納めるとき、貸し出しの予定だったが、ご馳走をよばれ永代貸与になったといわれる。現在、仁王像の足下に「愛知県鳳来町巣山」という木札があるので本当のことであろう。高福寺は現在の熊野神社の北隣にあった。地元に残る木造阿弥陀如来座像は1244年作の国重文であり、他にも寺宝が残っている。

注2）廃仏毀釈の渦中に住職が毒殺された疑いにより、明治6年になって7人が投獄された[39]。

第 2 章の参考文献

1) 中根洋治：『忘れられた街道』〈下巻〉，風媒社，巻末位置図，2006．
2) 山本力：山人の生業と火防せの信仰，日本の石仏，79 号，日本石仏教会，pp.4-13，1996．
3) 近藤饒：忘れられた古道発掘，岳人，657，東京新聞，pp.46-48，2002．
4) 天野信景：『塩尻』，(1712《正徳 2》年著)，明治 40 年国学院大学，p.777，復刊 1965．
5) 田村貞雄：民衆宗教史叢書第 31 巻，『秋葉信仰』，雄山閣，pp.31,48，1998．
6) 前掲 5)，pp.51,120．
7) 前掲 5)，pp.33,34,304,306．
8) 春野町史編纂委員会：『春野町史』通史編（上），春野町，pp.612-615，1997．
9) 前掲 8)，pp.616-618,628．
10) 野本寛一：『焼畑民俗文化論』，雄山閣出版，pp.434,435,531,1984．
11) 木下恒雄：『秋葉山郷土誌稿』，非売品（春野町図書館），p.44，1985．
12) 木下恒雄：『春野町の地名』，非売品（春野町図書館），p.98，1987．
13) 白川静：『字統』，平凡社，p.422，2004．
14) 前掲 5)，p.21．
15) 前掲 5)，p.19．
16) 和歌森田郎：『山伏』，中央公論社，pp.6,14,23,134，1964．
17) 山本義孝：『遠江における山岳信仰の成立』，研究紀要第 21 号，静岡県博物館協会，p.48，1997．
18) 前掲 17)，p.55．
19) 柳田国男：『定本 柳田国男集第 2 巻』「東国古道記」，筑摩書房，p.247，1962．
20) 中山慧照：『全国石仏石神大辞典』，リッチマインド出版事業部，p.152，1990．
21) 中根洋治：『愛知発巨石信仰』，愛知磐座研究会，pp.368-377，2002．
22) 磐田市史編纂委員会：『天竜川流域の暮らしと文化』，下巻，p390，1989．
23) 木下恒雄：『歩かまい・秋葉街道』，非売品（春野町図書館），p.350，1992．
24) 中根洋治：『愛知の歴史街道』，愛知古道研究会，p.328，1997．
25) 前掲 8)，p.639．
26) 沖和雄：『伊那』，伊那史学会第 22 巻，「秋葉街道覚え書き」，pp9-16、1974．
27) 木下恒雄：『編年・春野の歴史』，非売品（春野町図書館），p.2，1977．
28) 前掲 8)，pp.100-101，1997．
29) 豊田市郷土資料館：『塩の歴史の民俗』，豊田市教育委員会，p8,26，2009．
30) 前掲 19)，p.246．
31) 水窪町史編さん委員会：『水窪町史』，水窪町，p.117，1983．
32) 内藤亀文：『ふどき』，水窪町役場，p.10，1991．
33) 木下恒雄：『春野町の地名』，春野町図書館，p.105，1987．
34) 楠原祐介：『地名用語語源辞典』，東京堂出版，p.191，1983．
35) 松本繁樹：『焼畑研究雑考』，静岡新聞社，p.35，2006．
36) 本田猪三郎：『掛川城ものがたり、遠州路の史跡巡り 5 巻』，静岡新聞社，2006．
37) 中根洋治：『忘れられた街道』〈上巻〉，風媒社，2006．
38) 武部健一：『道のはなしⅠ』，技報堂出版，pp.6-13，1992．
39) 前掲 5)，pp.104-105．

第3章　古道の盛土部〈段築〉

3.1　はじめに

　愛知県下を中心に中世以前からと思われる古道を踏査してみると、切取り・盛土構造の個所が多く見受けられる[1]。切取り部分は「切り通し」、「掘割り」などと呼ばれる。堤防状の盛土部分は「段築（だんちく）」、「堆築」、「層築」、「異種互層盛土」などと呼ばれるが、ここでは「段築」と呼ぶ。段築部は築造後数百年経っているが、極めて急な法面勾配にも拘わらず、長期間にわたって安定している点に着目する。本章では、昔の姿で残っている古道の主に盛土部分、すなわち段築に注目する。主として愛知県下に現存する段築を踏査し、現況とその施工方法も検討する。

3.2　山間古道の段築

　古道には、山間部に昔のままの姿で残っている個所が多い。山間部にある多くの古道の使用時期は不明瞭であるが、人々の往来は、縄文時代からの道筋に近い所が使われていた可能性を示唆する文献もある[2]。これによれば、第2章で示したように、近在の縄文遺跡をつないだ線から縄文時代の道筋が浮かび上がる。例えば、その近辺にある静岡県の秋葉古道の道筋とも部分的に重なっていることが知られている。一方、愛知県下に現存している山間部の各古道を踏査してみると、江戸時代より古い路線には尾根筋を利用していることの多いことが分かった。丘陵部の古道も、渡河部を避けるように分水嶺を選ぶルートが認められる。

　また、これらの古道を地形図にプロットしてみると、地図上の最短距離を進む道筋を選んでいる事例が多い。古い時代の道ほど尾根の中でも高い部分を越えていたことが認められる。山道の勾配は、45度位の急な所も見受けられた。急坂を避けて若干迂回した方が容易に往来できると思われても、山間部の古道では、目的地へ向けてあくまでも直線方向を選んだ道筋が多い。特別に途中の山が高く急峻の場合は、頂を迂回して（トラバースして）いることもある。高い尾根筋を進むということは、谷川を渡る箇所を最小限にしているとも言える。

　段築というのは、古道が尾根筋を進む場合、極端に凹んでいる個所で堤防状に盛土している部分である。尾根筋の盛土であるから、横断排水の必要もない。そうした盛土構造の縦断線形は、中だるみにすれば土量が少なくて済むと思われるのだが、実際には中だるみさせずにほぼ直線で結んでいる。そのために歩き易いし、物資の運搬に便利であると思われる。さらに、盛土法面勾配であるが、以下の各図に示すような急勾配でも崩れているところが少ない。何百年と時間が経っているのにも拘わらず、安定した姿を保っている。法面は風化により痩せている所があっても、路面は一定勾配を保っている所が多い。県下の主な段築一覧表を表3-1に示す。これらの路線は戦国時代以前からの道と思われる。

　段築と似た概念に、大寺院の基礎や、古墳の盛土、土塁築造法の版築（はんちく）がある。版築は中国伝来の工法であり、土を版状に叩いて締固めていくもの（広辞苑）といわれるが、両側を枠で固定してその中へ土を入れ締め固めるものとされる。古道の盛土構造を近年「段築」と呼ぶ[3]ようになった。これは、熊野古道に関する南紀熊野21協議会のメンバーと京都大学上山春平名誉教授らが打ち合わせた結果である。熊野古道では潮岬の西方の、すさみ町見老津に長井坂段築がある。本来、段築という言葉は前方後円墳のような大型古墳の段の部分をいうが、原地盤に後から腹付けするような盛土は崩れ易いから、段築も法尻から充分締め固めて盛り上げていったものと推定される。

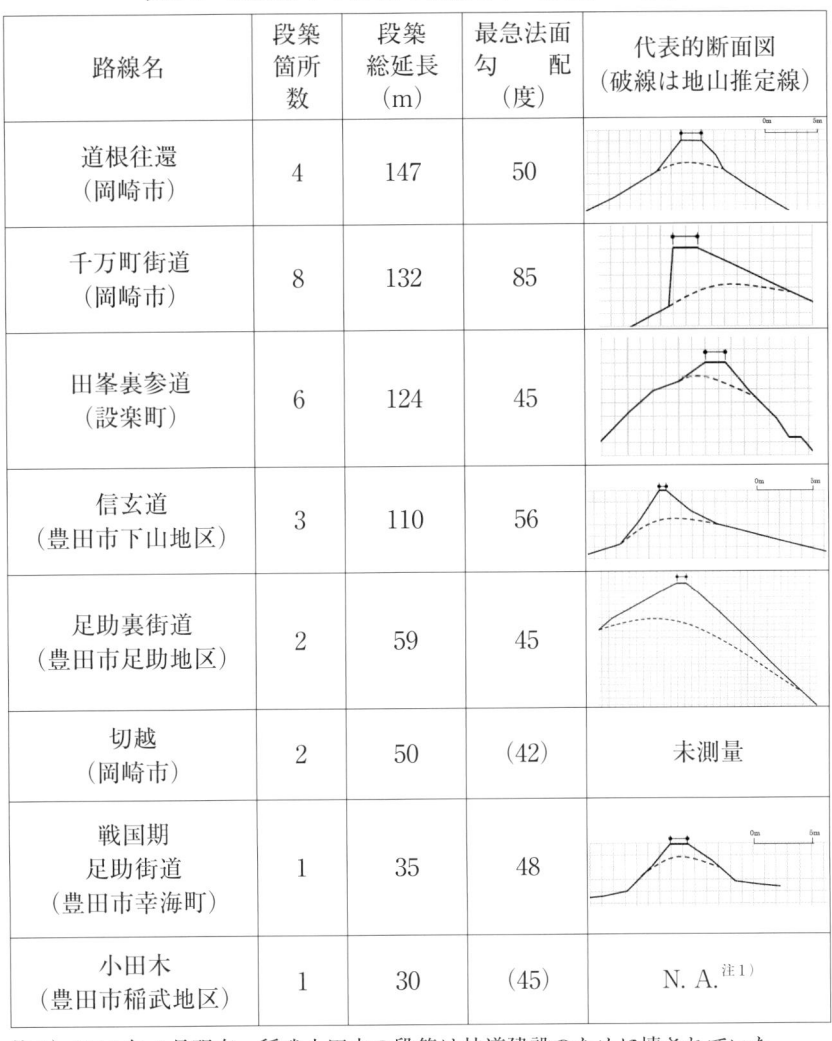

表 3-1 愛知県下の古道で確認された段築の一覧表

路線名	段築箇所数	段築総延長(m)	最急法面勾配(度)	代表的断面図(破線は地山推定線)
道根往還(岡崎市)	4	147	50	
千万町街道(岡崎市)	8	132	85	
田峯裏参道(設楽町)	6	124	45	
信玄道(豊田市下山地区)	3	110	56	
足助裏街道(豊田市足助地区)	2	59	45	
切越(岡崎市)	2	50	(42)	未測量
戦国期足助街道(豊田市幸海町)	1	35	48	
小田木(豊田市稲武地区)	1	30	(45)	N.A.[注1]

注1）2010年4月現在，稲武小田木の段築は林道建設のために壊されていた．

3.3 段築の事例

段築事例を、自著「忘れられた街道」上・下巻、「愛知の歴史街道」から拾い出してみる。
箇所数は、段築の数である。
(1) 岡崎市から信州への足助裏街道 …………………2箇所…… 後述[4]
(2) 岡崎市から設楽町方面の道根往還 …………………4箇所…… 後述[5]
(3) 岡崎市から新城市方面の千万町街道 …………………8箇所…… 後述[6]
(4) 信玄道 …………………………………………3箇所…… 後述[7]

(5) 秋葉道その1 …………………………………………1箇所……（写真3-1）[8]
　矢作ダム事業により水没した現在の豊田市牛地あるいは、田津原（たっぱら）・小田木（おたぎ）方面から浜松市の秋葉山へ行く尾根部にある。標高は約800mの所にあり、他の事例と同様に路面は水平である。段築の規模は、盛土高約2m・延長50m程度の規模である。
　この付近の山塊は最高所が標高約850mであり、そこで中世の飯田街道（名古屋～飯田市）と交差し、そこから約2km北方へ向かった所がこの現場である。この先の東方は大多賀で、北西から来る岐阜県明智方面からの秋葉道と合流して、設楽町田峰—鳳来寺山—秋葉山へ繋がる道と思われる。位置図は図3-1に示す。この段築は、後に林道建設によって壊された。

第3章　古道の盛土部〈段築〉

写真 3-1　秋葉道その1（小田木の段築）

図 3-1　秋葉道その1箇所図 [8]

(6) 秋葉道その2（写真 3-2）[9]

　岐阜県明智方面から遠州秋葉山へ行く尾根道であり、この部分は武田勝頼が長篠の戦いで敗走した道ともいわれる。ここは、北設楽郡設楽町である。

　この部分は、北方から来ると前項の延長上になる所である。愛知県の屋根ともいえる段戸山の南を通る古道にある。裏谷と呼ばれる国有林の中で、通る場所はここ以外に無いと思われる尾根を通っていく（図3-2参照）。

(7) 秋葉道その3（写真 3-3）

　前項の続きである。北方から来ると、裏谷の中でもバラゴ谷と呼ばれる椀形の地形を東へ迂回し、続く笹頭山（ささのうず）の頂上を西へ迂回して進み、ここは田峰観音に近い位置になる。ここを通過するとセムタの峠と呼ばれる舗装道路の峠へ出る。そこから勾配が約10％の下り坂を1kmほど進めば田峰観音である。したがって、この道は田峰観音、鳳来寺山、秋葉山などの参詣が主な役目であったと思われる。また、戦いの道としても使われたといわれる。当時、稲武地区の武節城は武田方で、東三河を攻略する場合にはここを通って往来したといわれる。

写真 3-2　秋葉道その2（北側の段築）

写真 3-3　秋葉道その3（南側の段築）

　秋葉道その2、その3の箇所図は近接しているので、図3-2に示す。

34

写真 3-4　切越の段築

写真 3-5　秋葉古道の段築部

図 3-2　秋葉道その 2、その 3 の箇所図 [9]

(8) 岡崎市切越町の古道（写真 3-4）[10]

　この古道は、3.5 にある図 3-7 の切越の尾根を通る千万町街道の一部分である。千万町街道は新城市方面と岡崎市中心部を繋ぐ尾根の道である。この段築は切越地区の尾根にあり、二つの山を結ぶ役目を果たす場所であり、高さ約 3m、延長 30m ほどの規模であるが、盛土勾配は現在でも約 45 度を保っているので、昔はもっと急な法面であったと思われる。

(9) 秋葉古道（写真 3-5）

　前章で扱った秋葉古道の途中にも長さ約 29m の段築がある。場所は、図 2-2 の「さいの河原」北側にある。ここは他の事例とは異なり、尾根より 50m ほど低い谷を 0.55m ほど盛って横断している。さらに、縦断勾配が中だるみ、つまり凹型の線形である。

(10) 熊野古道の長井坂（写真 3-6）

　紀伊半島先端から西方約 20km の熊野古道に段築が 2 箇所ある。和歌山県すさみ町見老津（みろづ）から約 40 分急坂を登った尾根にあり、眼下に熊野灘が見える。熊野古道は京都方面から主に 3 コースあり、ここを通るコースは大辺路（おおへち）と呼ばれ、京都から最も大回りで危険な道とされた。段築の高さ約 1.7m、延長は約 19m と 30m である。

第3章 古道の盛土部〈段築〉

猪も徘徊した形跡があり、法面にも荒らされた可能性がある。基盤岩は砂岩と見られた。法面勾配は、写真3-6のように約1:0.6である。断面図は図3-3に、箇所図は図3-4に示す。

3.4 岡崎から信州への足助裏街道

これは、豊田市足助地区にある段築である。足助裏街道の名称は、後述のように筆者の仮称であるが、明治時代からのルートは足助街道と呼ばれていた。足助街道は、太平洋側の岡崎平野や三河湾から、信州飯田を結ぶ主要な街道であった。平野部からは、塩をはじめとする産物が運ばれ、山国からは鉱物や木製品などが運ばれた県下有数の主要街道であった。足助街道のコースは、図3-5のように時代と共に変わってきた。最も古いと思われるコースに段築がある。

図3-5は、戦国時代の足助街道、江戸時代の足助街道、明治26年以降の足助街道、及び足助裏街道の各道筋を示している。「足助裏街道」は岡崎城から足助を結ぶ尾根道の古道である。この中、岡崎城から松平までの区間は「松平往還」と呼ばれ、松平家が参勤交代に使い、岡崎城の家康達が先祖の墓参に使ったので、「殿さん道」とか「墓参街道」とも称されている。その先の松平から足助までの区間は一般に知られていなかったが、この道筋もあることが判明した[11]。裏街道というのは、本街道には江戸期に税を取り立て、身元改めする番所が2箇所あったため、古来からの山の尾根道を旅人が通ったといわれることから、筆者が名付けたものである。この道筋後半の足助付近では全てが尾根を通っており、巴川との高低差が約300mという区間もある。大きな川を渡らずに通過でき、中世以前から使われていたと考えられる。

写真3-6　熊野古道、和歌山県すさみ町の長井坂段築

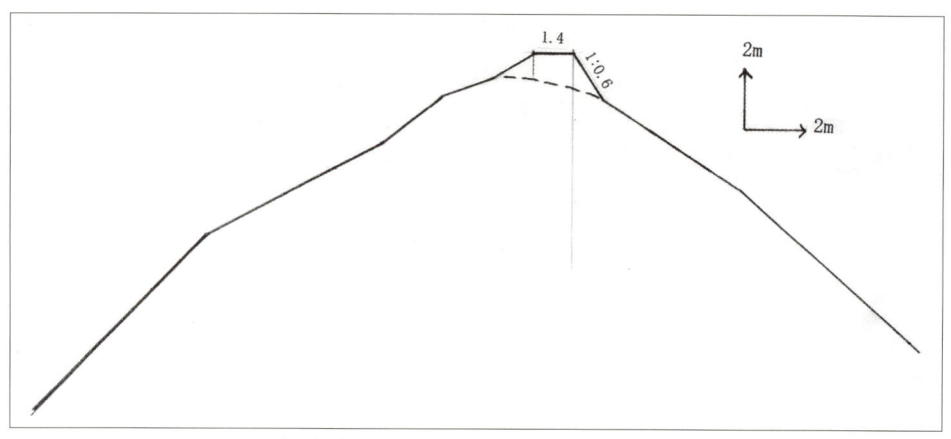

図3-3　長井坂段築断面図、推定盛土高1.7m（右側が海）

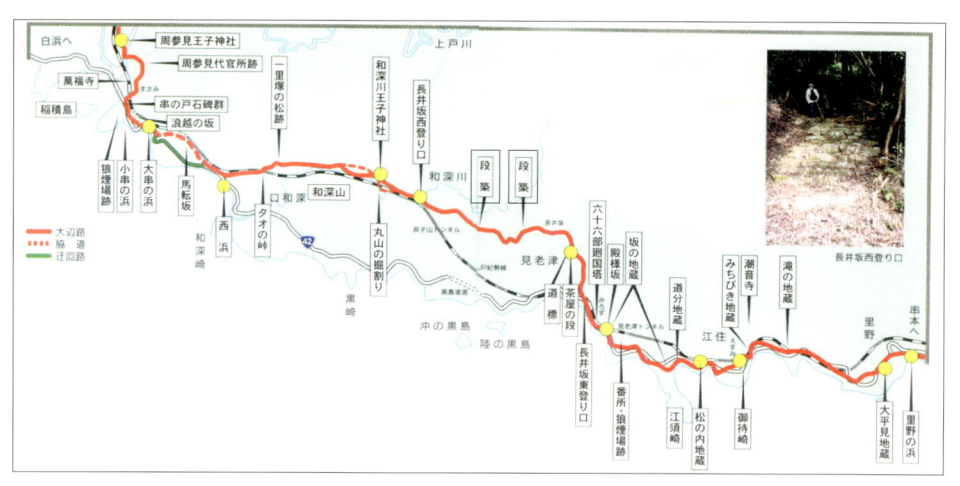

図3-4　熊野古道長井坂段築の箇所図、参考文献3）より

この道が中世以前から使われていたという証明は、次の事柄による。徳川家康の先祖の在原信盛は14世紀初めに松平郷を領地としたといわれるが、ここを拠点として西三河の雄となったことは、東西南北の道があったからであると思われる。また、松平往還沿いにある岡崎市駒立町にある本光寺の由来からも明らかである。

図 3-5 足助裏街道の段築位置図、文献 4) に加筆

第3章　古道の盛土部〈段築〉

　本光寺は、1525（大永2）年に松平往還沿いの現在地へ移転建立された。移転した本光寺は松平往還しか出入りする道がない。したがって、本光寺が建立されるより以前から松平往還があったことになるからである。この寺は茶店も兼用していたといわれる。東西の道は、新城市と豊田市を結ぶ挙母街道である。

　尾根道は戦いの場合に有利であったが、江戸時代になると平和が訪れ、街道は徐々に山腹へ降りてきた。明治時代になると、荷車（例えば大八車）が登場する。荷車の往来には、勾配の少ない川沿いの道筋の方が都合がよいので、人々によってそうした道筋がとられるようになった。調査結果によれば、江戸時代に岡崎と足助を結ぶ街道は、その間の距離の長さから「七里街道」と呼ばれ、その後、明治9年からは「足助街道」という名称になった。江戸時代にはこの七里街道の岡崎市桑原町と、足助地区西町にはそれぞれ「分一番所」、「荷の口会所」と呼ばれる関所に類するところがあった。それらの所では、人別改めと、山から平野部へ運ぶ物資に対して運上金(税金)が課せられた。そのため、岡崎市史にはこの「七里街道を避けて裏道を通る旅人が多く、対策に困った」という趣旨の説明もある。つまり、古来から利用していた山道を"関所逃れの道"として使っていたことになる。したがって、筆者はこの古道を表街道に対する「足助裏街道」と仮称することにした。この足助裏街道の足助寄りの区間（図3-5、図3-6参照）に大きな段築がある。

　写真3-7、写真3-8、写真3-9の段築は、豊田市足助地区沢の堂にあり、足助裏街道の中で最大の段築Aである。ここでの盛土量は、図3-6の断面図より算出すると約3,140m³であった。ただし、図中に示した原地盤のラインは、段築左右の地盤状況と周りの尾根筋を観察して推定したラインである（以下同様）。段築Aの法面に生えていた樹種は、樫、なら、桜、あべまき、ひさかき、檜などであった。

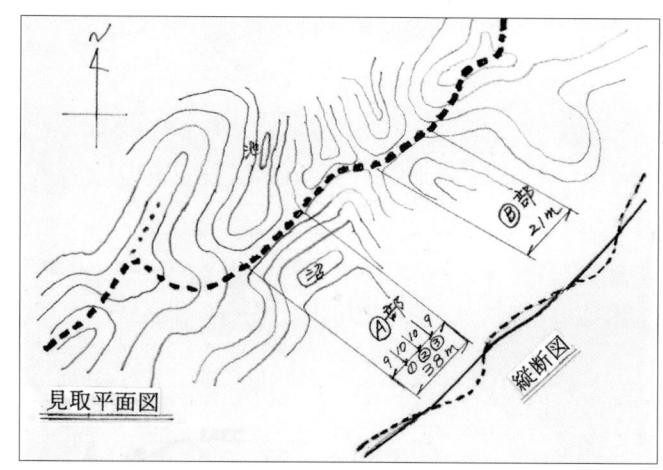

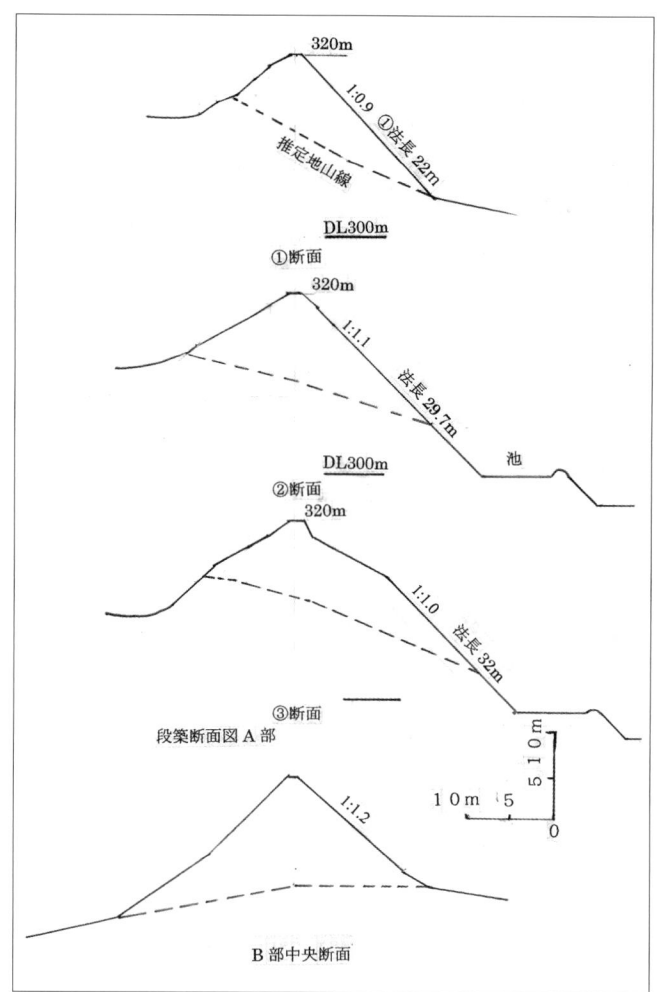

図3-6　足助裏街道段築部の平面・断面図

　この段築の締固め状況は、路面中央の土の乾燥密度が室内最大乾燥密度に対して約86％であった。国土交通省中部整備局の路体の品質管理基準85％をかろうじて満足する程度であった。土研式簡易貫入試験装置により求めた打撃回数N d10から求めた換算N値（N = 1.5 N d10）は、地山が10.5に対して段築部は15であった。法面を踏査しても、さして固く締まっている状況ではなかった。それにも拘わらず急な法面が確保されていることは不思議なことである。なお、橋の基礎杭はN値25以上の堅い地層で支持させることが多い。

　「街道」という言葉は、現在盛んに使われるようになったが、これは明治時代以降のことである。その前は一道・一往還などと呼ばれ、街道という言葉は江戸時代の五街道の指定以後から使われ始めたといわれる。

写真 3-7　足助裏街道の段築 A 　　　　　　　　　写真 3-8　足助裏街道の段築 A の測量

写真 3-9　足助裏街道の段築 A 北側 　　　　　　　写真 3-10　電柱のある足助段築 B

　写真 3-8 は、盛土勾配の測定状況である。測定用の竹は各々 2m である。東側の盛土勾配は約 1 割（45 度）と急であるが、法面は崩れていない。この段築両側の法面下方には沼がある。東側の沼のさらに下方には段々田圃の痕跡がある。落ち葉が積もっているから随分前に耕作放棄したものと考えられる。

　この段築は東側法面の方が長く、両側の樹林が無い場合、通行者は強風にあおられて法尻まで滑落する危険がある。写真 3-9 の右の木に泥が付いているが、これは猪が背中をこすった跡であるから、猪の存在もうかがえる。ここは猪が通っても土が締まっているので足跡が残っていない。段築 A の盛土材料を目視で判定すれば、小礫およびシルト混じりの砂質土であり、粘着性は少ないと見られる。

　写真 3-10 の段築 B は、段築 A の現場より約 80m 北方にある。段築 B の上空を高圧線が横断している。この場所も尾根ではあるが、地形的にはこの高圧線ルートは断層地形のような谷である。段築 B の付近には、猪が真ダニによる痒みを取り除くために泥浴びをするノタバや、猪の足跡が無数にあり、段築も荒らされていた。段築部分を荒らすということは、食料の芋類を鼻で探した跡であり、この付近には猪の拠点がある。段築 B の推定原地盤ラインから上の盛土量は、約 1,720㎥と算出された。段築 B の法面に生えていた樹種は女竹、栗、樫、ひさかき、イバラなどの低木であった。

3.5　岡崎から設楽方面の道根往還

　図 3-7 に「道根往還」と「千万町街道（ぜまんじょ）」の道筋を示した。道根往還は、岡崎市中心部〜設楽町を結ぶ尾根を利用した街道の一部であり、明治期まで利用された。一方、千万町街道は、岡崎市北東端（旧額田町）の千万町〜岡崎市中心部を結ぶ街道であり、途中から道根往還と合流して岡崎市中心部へ至る。

　写真 3-11, 写真 3-12 の場所では段築の長さが約 100m あり、一般に「馬の背」と呼ばれる地形の場所である。

第3章 古道の盛土部〈段築〉

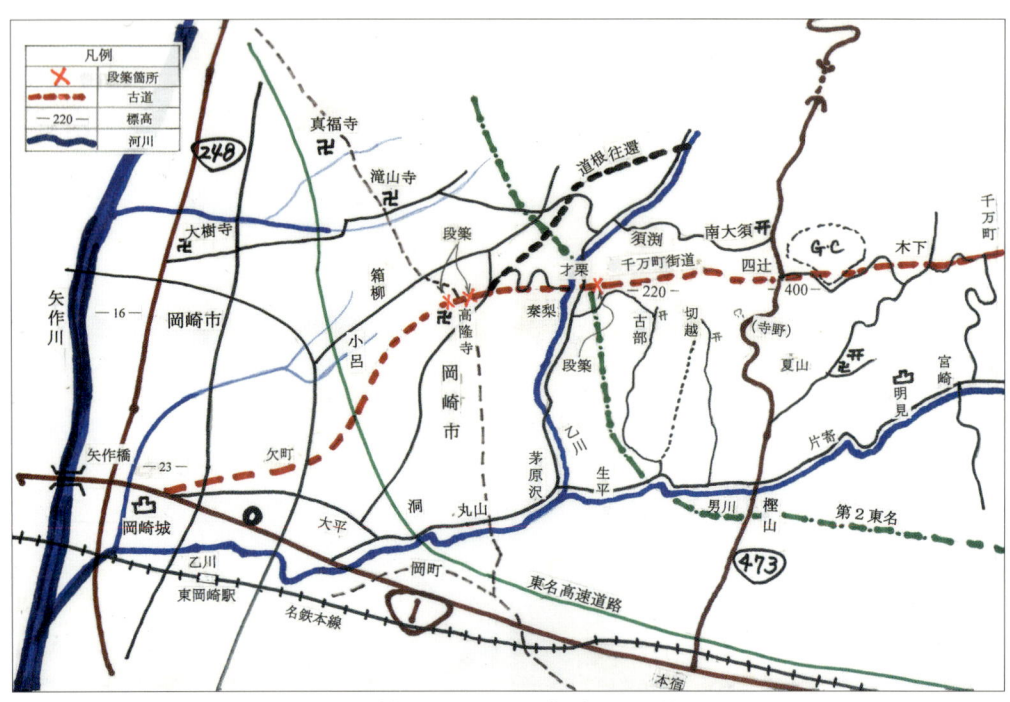

図 3-7 道根往還と千万町街道の平面位置図

写真 3-11 道根往還・馬の背段築

写真 3-12 馬の背段築測量

写真 3-13 道根往還・馬の背近くの切通し

写真 3-14 道根往還の西側段築

いわゆる稜線の鞍部に相当し、英語でもサドル（鞍）と呼ばれるような地形である。馬の背と呼ばれる段築の土質を目視で判定すれば、砂質土であり粘着性は少ない。この区間の推定原地盤ラインから上の盛土量を、図3-8 に示す断面図から計算すると約 419m^3 であった。

写真 3-13 は馬の背近隣の切り通し区間で、近隣の樹種はナラ、樫などである。この区間も尾根であったが、

道根往還はこの尾根筋の高い所を開削して通じている。この切り通し区間の切り土量は、約283m³であると算出した。馬の背の盛土量（約419m³）には達しておらず、馬の背の段築材料はこの切り通し以外の場所からも運ばれたと考えられる。

写真3-13のような切り通し区間は、前後の縦断勾配を調整する区間でもある。U字形になっていれば、材木を牛馬で引き摺って運ぶ場合には、はみ出ることがないので都合がよい。U字形の地形が、しばしば「うとう」と呼ばれ、「善知鳥峠」などと書かれた峠名などもある。

馬の背から西方へ500mほど進んだ所にも延長約47mの段築がある。天端近くのくぼんだ部分には、ほぼ垂直に見える所もあり、石積を探しても無いので全区間盛土である。オーバーハングの所もあるが、略図は図3-9のようである。盛土量は約250m³の砂質土になる。

写真3-14は法面勾配を測定中の写真である。縦2m、横約1.1mの様子が分かる。北側の方が急勾配になっている。この踏査した道根往還沿いの尾根には、古代に建立されたという高隆寺がある（図3-7、図3-9参照）。高隆寺は1221（承久3）年の承久の戦後に足利義氏が改築したとされている。当初の寺は尾根にあって礎石が残るが、発掘品から平安時代のものとされた。この寺は道根往還しか通路はない。従って、創建当時から道根往還が利用されていたことを意味する。また、この付近で道根往還と

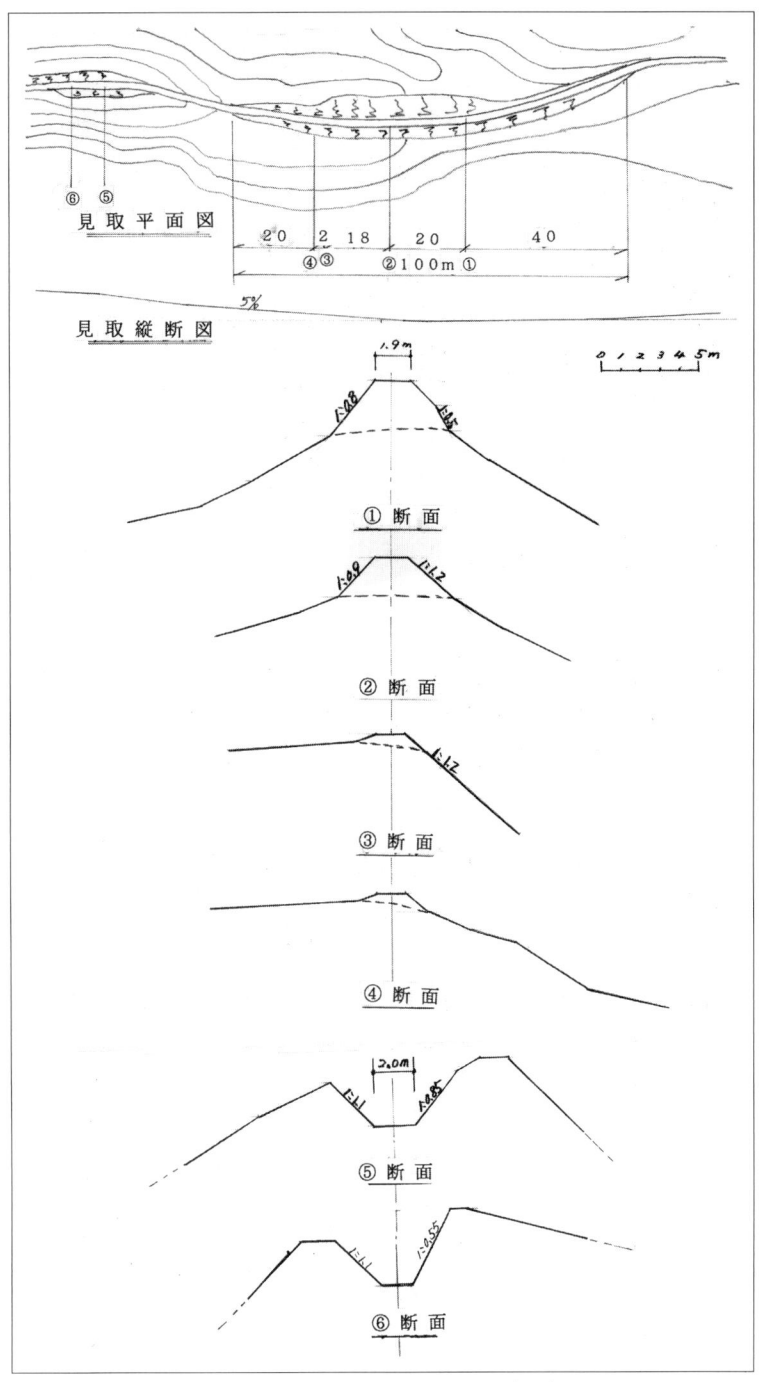

図3-8　道根往還段築の見取平面・横断面図

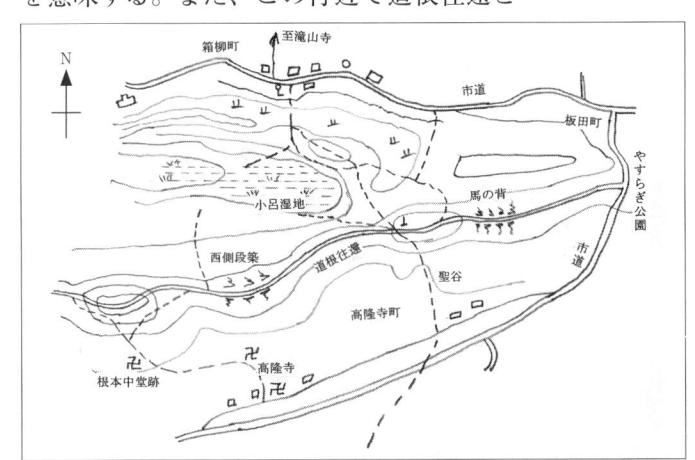

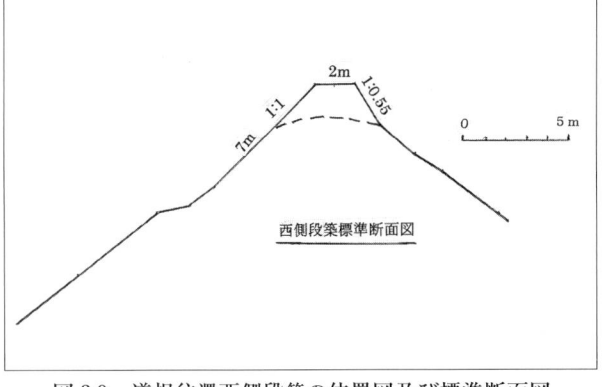

図3-9　道根往還西側段築の位置図及び標準断面図

直交する道は、北方にある真福寺（しんぷくじ）を通る。真福寺は大和時代の人物である物部真福（まさち）が6世紀末に造ったとされ、愛知県下では最も古い由緒をもつ寺である。この道根往還と直交する道は、大和時代から存在していたはずである。この道の存在は、その先の矢作川渡河部の右岸側に、石器時代以来の川湊といわれる水入遺跡が発掘・報告されていることからも推定できる。

道根往還は、生活のために人々が往来した道であり、奥地から薪が大量に運ばれた道でもある。その後、荷車をはじめとする車輌が登場したので、1892（明治25）年に、現在の乙川沿いの県道が出来て、通行者は徐々に勾配の緩やかな新しい道を利用するようになった。なお、「道根」の「根」とは尾根のことであり、尾根道のことを「根道」ともいう。また、「往還」とは、幹線道路の「街道」から分岐する諸道に名付けられた道のことで、「脇往還」「脇街道」「脇道」とも呼ばれる。道根往還はその先、毛呂〜切山〜作手中河内の子生道（こうむどう）〜田峰〜設楽町田口方面へ向かったと考えられる。

3.6 岡崎から新城方面の千万町街道

写真3-15、写真3-16は、千万町街道の岡崎市才栗地区にある尾根部分の段築を写したものである。右の法面は、写真3-16に示すように、最急勾配の場所が約80度（1:0.23）ある急な法面勾配であり、現在は土のう

写真3-15　千万町街道才栗の段築

写真3-16　才栗の段築、高さ3m水平方向0.7m

で同じような勾配に補修してある。段築法面の樹種は杉、檜、女竹等で、下草は生えていない。この段築上の路面には簡易アスファルト舗装が施されていた。ここから西へ急な坂があり、千万町街道は水平距離約500mで高低差約200m下って乙川を渡る。2009年時点では、この付近を通る第二東名高速道路の工事がなされている。平面・断面図は図3-10参照。

千万町街道は岡崎の町から出発すれば千万町を通り、さらに東方の新城市の長篠・鳳来方面まで延びている。この段築現場付近の尾根には、1397（応永4）年創建の黍生山（きびゅうざん）聖洞寺があり、寺の付近には民家が39戸あった。ところが聞き取り調査の結果、人々の往来および交通量が減ってきたため、聖洞寺が

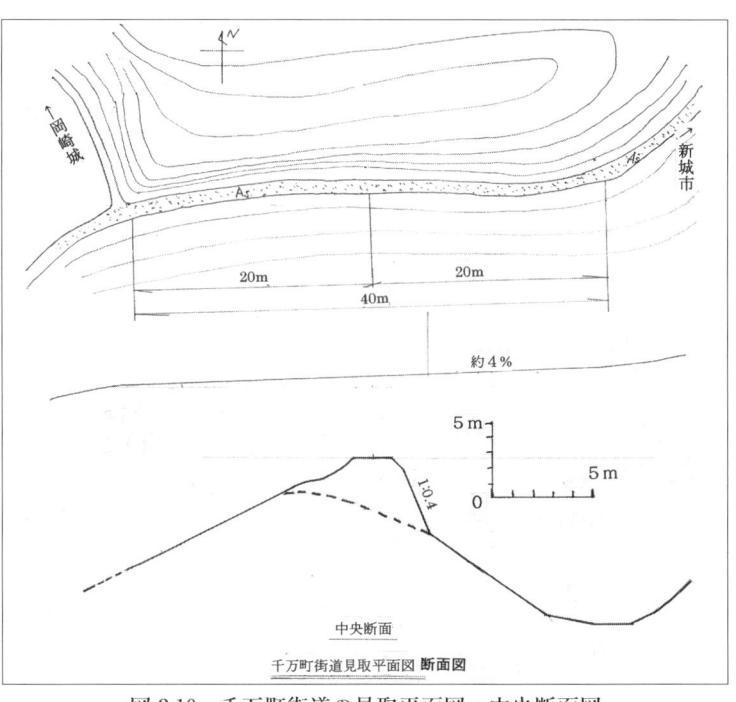

図3-10　千万町街道の見取平面図・中央断面図

昭和9年に山麓西の乙川沿いの低地へ移転すると、39戸の近隣民家も相前後して麓へ移転した。現在、この千万町街道沿いには屋敷の廃墟が残っているのみであるが、1796（寛政8）年銘のある黍生地蔵が現存している。また、付近に馬頭観音もあることから、千万町街道に馬の往来があったことも暗示している。

　天下に知られた長篠合戦の時、落城間近の長篠城から抜け出し、信長・家康のいた岡崎城まで約60kmを救援依頼のために走った鳥居強右衛門はここを通ったと考える。

　街道を調査した結果、千万町街道の沿線にあった才栗・秦梨・古部・切越・寺野・木下などの集落の人達は、一旦尾根を通る千万町街道まで登り、岡崎の町まで往来した。現在の集落に残った人達は、尾根まで登らず、川沿いに設けられた県道まで出て車輌による往来によって生活している。

3.7　信玄道

　信玄道は、豊田市下山地区の根道とも呼ばれる古道である。根道とは尾根の道ということである。所によっては、尾根のことを「ホツ」ともいわれる。豊田市と新城市作手菅沼の境界から200～300m西にあたる所である。この道の3箇所に典型的な段築がある（図3-11）。標高は大凡650mの位置にあり、木の根元は写真3-17、写真3-19のように笹が一面に覆っている。信玄道ともいわれ、1571（元亀2）年の武田軍三河攻めの時、この道を利用して羽布城や孫根城・大沼城が落とされたといわれる。付近の地理を考えると、信州や田峰の武田軍支城からの経路はこの道が最適と思われる。段築の築造時期について、地元ではその武田軍の三河攻めの時ではないかといわれる。しかし、約4kmで敵の羽布城という近い所で、こんなに丁寧な段築が戦国の世に出来たのであろうか。

　思い直してみると、攻めるために造られたものではなく、既にあった道路を使って武田軍が攻めたと思われる。少なくとも、この付近の中世の城が築かれる当時から、少しでも早い情報を得るためと、連絡や攻撃のために造られていたはずである。また、鳳来寺や秋葉山などへの参詣のために、少しでも便利な道路が望まれていた。例えば、現在の新城市鳳来地区海老から足助へ、納税のためにこのルートが使われたという話を地元の古老から聞いたことがある。足助は荘園時代から三河山間部の要の場所であった。これらのように、東西の三河山間部を結ぶ主要な道路が、この信玄道や千万町街道であったと思われる。

　この道は戦いに使われたのみでなく、参考文献7)にあるように、現在の豊田市や岡崎北部方面から、鳳来寺山ないしは静岡県の秋葉山へ参詣に使われた道ということになっている。この段築部分も、例に漏

写真3-17　豊田市下山の東段築（垂直3m、水平2m）

写真3-18　豊田市下山の中段築

写真3-19　豊田市下山の西段築

れずほぼ水平な縦断線形となっている。現在の道路幅は約90cmであるが、多少は風化されていると推定すれば、1m20cmくらいあったのであろうか。凍結融解によることが想像されるが、天端の高さはほぼ水平を保っているので踏み固められたこともあって、昔のままに見える。西段築の締固め状況を3.4と同様に測定すると、盛土部の4箇所の平均N値は約8であり、地山の値とほぼ同じ数値であった。このことは予想外に緩い締固め状況であった。それにも拘わらず、長い期間法面を保ってきたのは笹や草によるものであろうか。昔は、山地部に植林はされてなく草地や低木が多かったといわれる。高木があったとしても雑木であり、炭作りに使われたり、木地師が使用したことなどが想像される。

東段築部分の、1:1（45）度以上の急斜面には杉桧の植林の形跡はなく、桜・りょうぶ・松など雑木が生えている。

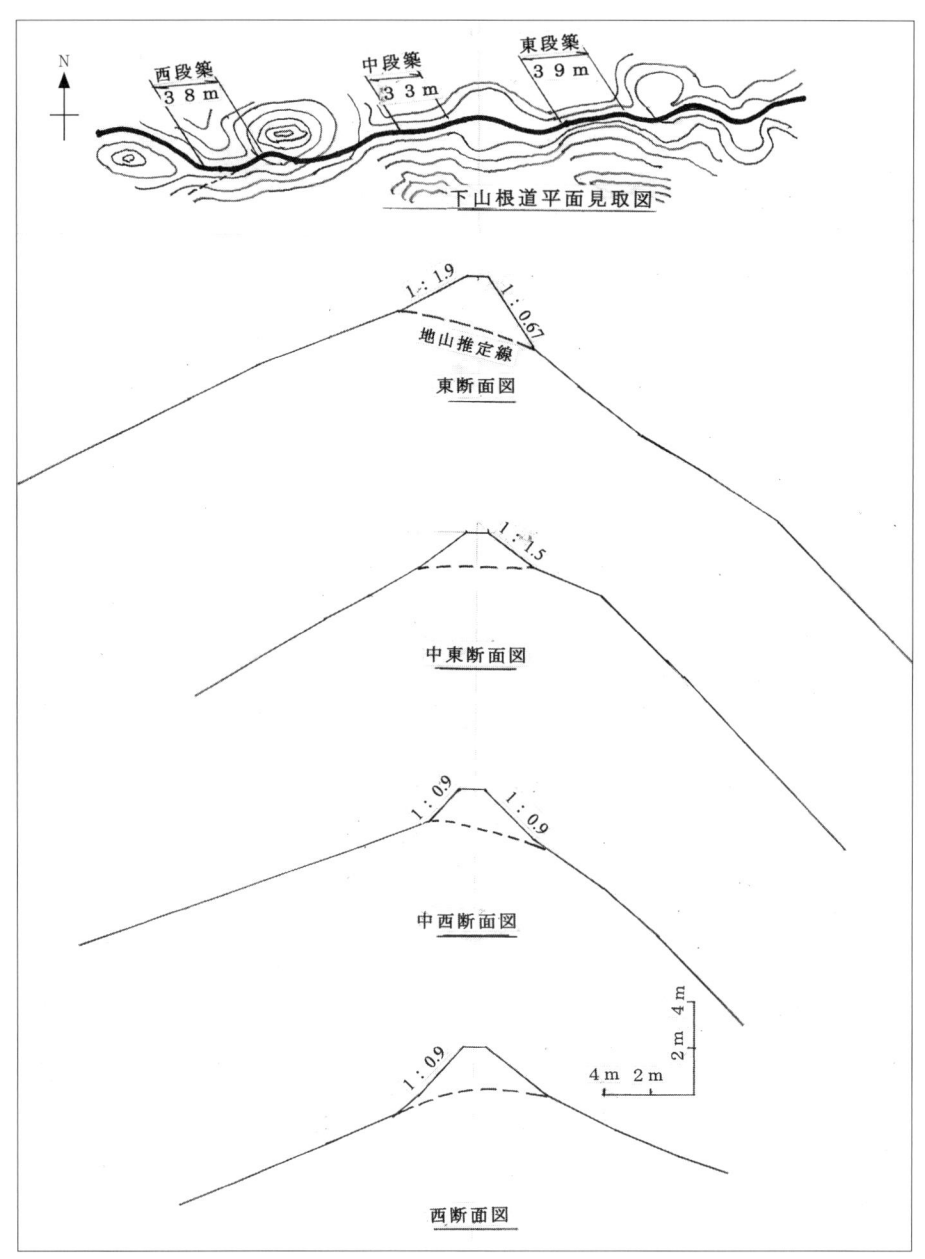

図3-11 豊田市下山地区の見取平面図・横断面図

他の場所には杉・桧が植林されている。盛土断面や、法面を大がかりに掘るわけにはいかない。掘って丁寧に埋め戻したとしても、異質な搗き固め部分が入れば、壊れる原因を作ることになると思慮されるからである。最近、近くにこの根道とほぼ並行した林道が出来たが、その切り取り法面を見ると砂質土である。ここの段築の概略の盛土量は、東段築が200m³、中段築が130m³、西段築が200m³である。

3.8 切り通し及び急勾配の法面を有する盛土形状の検討

(1) 概要

段築部は尾根の中でも低い所にあり、その前後は山のように高いことが多いことから、しばしば段築の近隣で切り通し（「ウトウ」ともいう）が見掛けられる。その高い部分の切り取った土を段築部へ運んだことは容易に想像される。低い方へ運ぶことであるから、「畚」によらずとも「橇」でも運搬可能であったものと思われる。「切り通し」の別名は地元では「薬研道」あるいは「堀割り」ともいわれた。切り通しの開削切土法面には、段築部分に比べてより強い風化が認められた。また、切り通しの部分が深掘れしている所もある。これは、長

年にわたって、木材を牛馬で運んだ時に削られたり、雨水により削られた結果が加味されていると考えられる。一方、段築の法面勾配は、現在の土工指針からすれば考えられないほど急な勾配を保っている。しかも、段築の盛土材料は雨に流され易い砂質土であった。現在、この規模の道路を造ろうとするならば、法面勾配は1:1.8ほどになり、さらに小段が必要になる。このような段築は、時々、簡便な補修はなされたと思われるものの、何百年間も使われてきた理由には、序論に記した尾根道の特長などが考えられる。

「三河のハゲ山」という言葉が西三河地方にあった。この言葉の由来は、戦国時代に家康をはじめとする武将の命令で植樹させなかったからであるといわれる。戦いの場合、樹木は邪魔であったようである。その他、当時の西三河山間部では炭焼きが盛んであり、雑木を主とする山林に大木は少なかったといわれる。焼畑の行われた地域では、3～4年毎に次から次へと場所を変え、木地師は栃・ブナ・クヌギ・桂・欅・かじかえで・みずき等を求めて移動をした。雑木は、海水から製塩する場合の燃料に、瀬戸や常滑の窯業に対しても薪が使われ、各家庭でも燃料に使われた。あるいは、作手地区や設楽町駒ヶ原などの馬の産地には牧草地が多く、他の地区でも草を田圃の肥料とするために山には草地が多かった。これでは洪水の原因にもなるので、1869（明治2）年、国の通達で乱伐は止めるようになり、瀬戸地方では「しゃ防工事」という名称で植林が始まった[12]。「しゃ防工事」は、土石流防止のために行う堰堤を造る"砂防工事"とは少し異なり、目的は同じでも、西三河地方では主に太平洋戦争後に行われた植林の工事である。

足助地区で踏査した段築の法面に見られる樹種は、樫、なら、栗、ひさかき等の雑木や低木の類であった。下草は余り見受けられなかった。木の根は盛土法面の保持効果もあるが、逆に、堤防には植樹しないという昔からの原則があるように、根が伸び、木が揺れ、根が腐った場合には盛土を損なうという逆効果もある。段築法面に植林されていなくとも、また、下草が茂っていなくて自然の植生保護がなされていなくとも、段築の急な法面勾配が保持され続けてきたことになる。

この段築がどのような施工方法で施工されたのかは分からないが、労働集約的な施工方法であったと考えられる。一般的には、日本古来の地固め工法に次のような方法があった。

(2) 地搗工法

①「地搗（ぢづき）」といい、櫓（やぐら）に結んだロープを、多人数で声を合わせ四方八方から引張ったり、放したりして櫓の中央に取り付けた丸太を上下させ地盤を固める工法である。数多くの替え歌による「地搗唄」により調子を合わせて行われた。筆者らは、地搗唄のような建設現場の労働歌が、多くの国々で2拍子あるいは4拍子と、偶数拍子の唄であったことを観察

写真 3-20　地搗櫓（豊川市砥鹿神社、2009.1.1）

写真 3-21　地搗石（旧小原村盤照社）

写真 3-22　地搗石（左、刈谷市八王子社）

第3章 古道の盛土部〈段築〉

写真 3-23 地搗石（設楽町）

写真 3-24 地搗石（設楽町）

写真 3-25 地搗石（豊田市平勝寺）

写真 3-26 地搗石（東近江市大沢）

写真 3-27 地搗石（ぐりんさん、同左）

している。豊川市にある三河一宮の「砥鹿神社」には、伝統的な「地搗行事」があり、毎年の元旦午前0時に行われるのでその様子を示した（写真3-20、三河一宮地搗唄保存会）。また、岡崎市生平町の八幡神社でも毎年10月の秋祭りに行われている。

　②「地搗石」工法には、写真3-21に示す直径35cmほどの扁平な石を使う場合もあった。その石には4つの穴があり、そこへ測量用ポールくらいの木の棒を差し込み、5人で作業する。中央の1人はロープで、周りの4人は木の棒で石を上下させて地盤を固めるもので、豊田市小原地区簗平字岩倉の磐照神社にある。また、写真3-22に示す地搗石は少し大型で、重さは71kg余ある。三方にあけられた穴に木を差し込み、竹のタガをはめ、組み上げた櫓に長い縄を通して大勢の人達がこの地搗石を上下させて地搗きをしたもののようだが、案内看板には「御祝儀的行事に使用された地搗石であって、大正時代まで使われた」とも表示されている。つまり、建物の基礎他を突き固めるために、近所の人達のお手伝いに依存し、作業後には振る舞いがあったことになる。この石は刈谷市泉田の八王子神社にある。同様な地搗石が安城市小川町字天神の神社にもある。現在でも古老に聞くと、地搗の手伝いをした経験を持つ人があるので、昭和の初期まで使われたことが推定できる。

　①と②の工法は、尾根道の突き固めには、地形上狭いので不向きである。

　③写真3-23と写真3-24は、設楽町の奥三河郷土館にある地搗石であり、それぞれの重量は約40kgと90kgである。前の物はくびれた部分にロープを縛り、数人で上下させたものと推定される。磨り減っているので、何回も使用されたようである。後の物は、貫通している穴にロープを通し3脚と二つの滑車を利用して偶数人

で引っ張って落としたものと思われる。

　写真 3-25 は、豊田市足助地区綾渡平勝寺にある地搗石で、重量は約 50kg と推定される。4 つの穴は、写真 3-21、写真 3-22 と同様に貫通していないので、棒を差し込んで地搗き作業をしたようである。

　④滋賀県東近江市大沢（おおざわ）には、写真 3-26、写真 3-27 のような地搗石が二つある。それぞれ重さ約 24kg と 35kg で、"ぐりんさん" と呼んでいる。ここの地搗き歌に「伊予のひょうたん石」という言葉が出てくる。地元の古老に聞くと、大阪城築城の時、各藩は競って大きな石を運んだが、伊予のみはこういうひょうたん形の地搗石を持っていったところ、大変重宝したからとのことである。この地搗石の用途は、家の柱の基礎を固める時に使ったが、昭和の初期までため池の堤防補強にも使われた。この地には用水が無く、江戸時代から水田の水は全て溜め池を築いてそれを頼りにしていた。そのため、堤防の水際が波によって削られると、1 年に 1 回春の彼岸頃、"ためぶしん" といって土を加え、そこへ皆さんが出て、地搗き歌と共に堤防を固めたそうである。"ためぶしん" とは、溜め池の普請である。作業が終わると、かしわ（鳥）飯と酒が出て慰労したといわれる。写真 3-28 は作業の再現状況である。実際の場合は、一本の縄に 1 人である。石の周りには 8 箇所に二つずつの金輪が付いているので、16 人が標準ということになるが、一つの金輪に複数の縄を取り付けることもあった。石は軽いので人の背丈より高くなることもあり、大沢の公民館に絵が描かれている。"ぐりんさん" のいわれは、五輪塔の頭の丸石を近隣の百済寺方面では「ぐりん」というが、それは五重塔塔上の九輪からきたのではないか、と地元の野村源四郎さんはいう。五輪塔の頭がこちらの地搗石に似ているのである。

　「亥（い）の子まつり」という行事が、愛媛県伊予の国の宇和島・岡山県作東町・大分県杵築市などであり、「ぐりんさん」と同様な石を使い、子供たちが各家を廻って地搗きの所作をしてお菓子などを戴くものである。

　また、東北の尾花沢市では、「亀」と呼ばれる 60kg ほどの石を使い、10 本の綱を引いたり放したりして "土搗（どうづ）き" を行った。この作業にヨウイショマガショなどの歌に合わせていたが、この歌が後の花笠音頭になったそうである[13]。このように全国各地で地搗石が使われていたことは、その効果のほどが推定できる。大沢の「ぐりんさん」を使って再現したが、砂質土に適し、突き固められた部分は凹むのでそこへ栗石を詰める作業が伴う。

　⑤「タコ（蛸）」は、1970 年頃まで使用された。欅（けやき）とか樫のような堅い木（径 40cm・高さ 50cm ほどの丸太もしくは八角形）に 2 本～4 本の柄をつけたもので（写真 3-29）、2 人～4

写真 3-28　地搗作業再現状況

写真 3-29　タコ突き作業再現

写真 3-30　モンゴルでのタコ突き作業

第3章　古道の盛土部〈段築〉

人で声を合わせて搗き固めたものである。写真 3-30 は、筆者の仲間が、モンゴルの現場（2007 年）で撮影したモンゴル風タコ突き転圧作業の様子である。狭い所でも作業が可能である。その他、このような形式の搗き固め方法は、1 人で行う小型の場合とか、「うま」という馬の形をした木製のものを、1 人が尾の方を持ち、他の人達は前述の「ぐりんさん」のように縄で引き上げた方法もあったといわれるが、近代では一般的に 3 人から 4 人で行う「タコ」を使用して行う場合が多かった。

⑥江戸時代には「築立人足」という呼び名[14]があり、盛土工事に従事した労働者を呼んだ言葉であったようだ。築立人足がどのような土の締固め方法を採用したかは定かでないが、人足達が足で盛土を踏み固めたのならば、盛土の締固めには有効であったと考えられる。人の足で踏み固めた場合、ブルドーザーと同等以上の搗き固めが出来る。

尾根道の段築には、⑤と⑥のような工法が相応しいと考えられる。

(3) 版築・敷葉工法

法面が現在の基準より急な勾配を保持している点を考察する。前記の足助裏街道にあるように、法長が 30m を越すような斜面を約 1：1（45 度）の勾配で数百年保持することは、現在の常識では考えられない。考えられる方法は、九州太宰府市にある水城（みずき）や、狭山池の堤防などで採用されている敷葉工法である。水城では、最高 14m の盛土高で、延長 1.2km の土堤上部の最急勾配は 65 度ほどを保っていた。

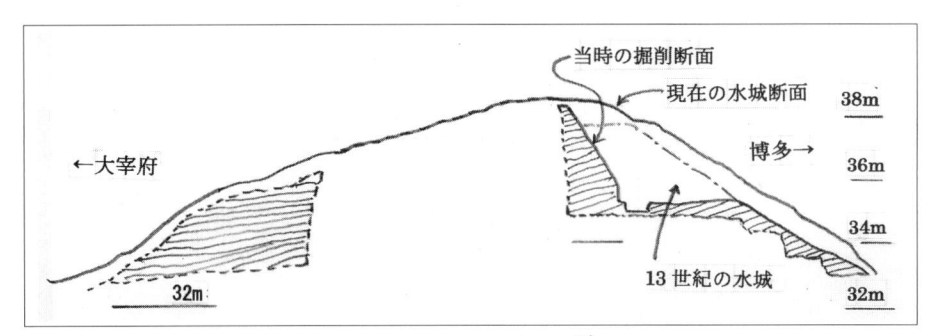

図 3-12　水城の断面図[15]

写真 3-31　水城（福岡県）

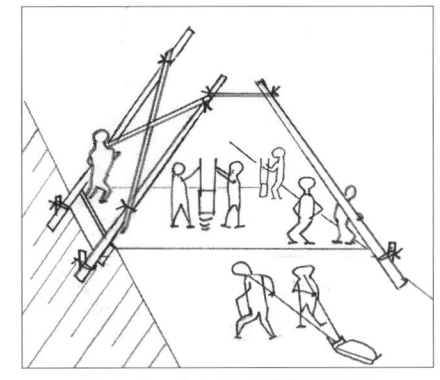

図 3-13　突き固め状況想定図

その後、この堤の上へ覆土して現在に至っている（図 3-12、写真 3-31）。水城は西暦 664 年に朝鮮半島からの攻撃を警戒して、太宰府を守るために御笠川の谷を横断して築造された。そのため、博多側の盛土勾配が急になっている。敷葉は、土の一層あたり 6～9cm、15～18cm、まれに 27cm の厚さで、生の葉付きの小枝を各層に挟み込んで突き固めてある。

狭山池は西暦 616 年頃に、最初の池が造られたとされる。狭山池はそれ以降何度も改築をくり返してきたが、当初の版築盛土工法に併せて敷葉工法が採用されていた。敷葉工法の誕生は中国であり、時代は紀元前 8～5 世紀の春秋時代に池の堤防に使われていた。我が国では、弥生時代に岡山県上東遺跡の港跡で発見されている

（大阪府立狭山池博物館見学資料による）。この弥生時代の頃を第1期とされる。

　突き固め方法の中に、土が外側へ膨れていかないように杭を打って木枠を併用する場合もあった（図3-13参照）。木枠を施して突き固めれば、その内側の土は一層硬く締め固まる。事例として築城北朝鮮・智塔里土城の土塁と鹿毛馬神籠石がある。神籠石の前面にある杭列の跡は、版築を行うための枠杭でもあり、盛土完成後、土を削ってから神籠石を並べた。その後の枠杭は防御用に使われた[16]。当現場のような場合、後から余分な土砂を削り落とすことは考えられない。法長が長くなってしまうからである。したがって、法面に丸太を固定させ、それに板（丸太）を使って木枠を作り、版築をくり返して仕上げていったと考えられる。さらに敷葉工法と併用したことも考えられる。

　なお神籠石とは、従来から古代の築城において、土塁の根元にある一段の石積みは信仰のためのものと解されてきたが、近年はただ単なる土留めのためのものであり、その前面にある一列の木杭跡は防御用の柵跡ということになったものである。

　太宰府の大野城でも土塁が版築工法で築かれ、見たところ高さ4mほどでも1：0.5に近い勾配である。なお城という字は昔、「しろ」と呼ばなかったといわれる（写真3-32）。現在でも延長約6kmあるとされる防御用土塁が残され、その中に版築工法の断面が見学出来る場所がある。それを見ると、砂質土の層の間にシルト層が挟まれている。大野城の築城は、西暦665年である。乾燥する場所では、仮に敷葉工法が採用されていても植物は腐ってしまって後世には見当たらない。この頃の敷葉工法も、5世紀以降、第2期として朝鮮半島から戦いで逃れてきた人達によって我が国へもたらされた。なお大阪府八尾市にある亀井遺跡の堤防状遺構にも敷葉工法が認められるが、これは5～6世紀のものである[17]。

　古墳の盛土法面の場合、版築と並行して土のうを積むことによって50～55度の盛土勾配を保ってきたものがある。それは例えば、大阪府羽曳野市にある前方後円墳であり、蔵塚古墳という[18]。

写真3-32　大野城の土塁

写真3-33　各務原市の土塁跡

　各務原市蘇原町に、鎌倉時代以来の土塁に囲まれた屋敷が残っている。一辺約77mのほぼ正方形の屋敷周りの土塁は、勾配約1:0.6を保っている。土塁の高さは3m～6mあり、容易に人馬が登ることの出来ない勾配である（写真3-33）。戦国期の築城でも、外的防御のため、特に外側の盛土勾配は急であった。

　1606年、静岡県静岡市の阿倍川に、薩摩藩手伝い普請による薩摩土手が築かれた。その断面図は、図3-14のように、法面勾配が約1:1であった。現在、建設当初の堤防は除去され、その後は薩摩通りという道路になっている（奥田昌男、シンガポール通信、2007）。現代では、堤防法面勾配の基準は1:2である。

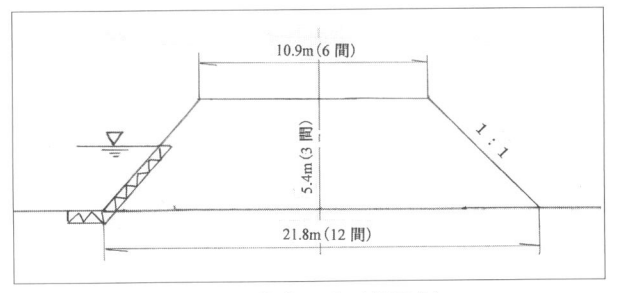

図3-14　薩摩土手（静岡市）

青森県の三内丸山遺跡では、縄文中期（4000〜5000年前）に版築で同様な盛土を行っている。2箇所の合計面積3000〜4000㎡を高さ2m余盛り上げ、全体的に眺めると外径210mほどの環状になっている。上下層の埋蔵土器の形状変化から、長年かかって盛土されたそうである。栃木県寺野東遺跡でも縄文後期に、外径165mの環状型盛土がなされている[19]。

同じ頃の国内の環状列石には内側に墓地を含むものが多く、その外側に住居を集めたものが多い。北海道にある環状土籬(どり)には、環状に堤防を土で盛り、その内側を墓地としたものがある[20]。

以上に述べたように、超急勾配の法面を保持するために盛土する場合、版築の技法の中に砂質土、シルト質土、粘性土などを互層にしている。

3.9 第3章のむすび

切取・盛土構造の中、特に段築部では現代の基準より急な法勾配であるにも拘わらず、長期間にわたって安定している点に着目した。主として愛知県下に現存する段築を踏査し、現況とその施工方法を想像すると共に、古来からの突き固め工法を事例と共に検討した。

その結果、愛知県下の古道調査により段築構造が27箇所見受けられ、築造年代は中世以前であると推定すると共に、崩壊事例がほとんど無いことを確認した。また、段築盛土部が隣接切土部と共に急勾配を有することなどの構造特性を明らかにした。また、急な法面を築造するための施工方法については、人海戦術によって丁寧に施工されており、締め固め度は地山程度であることを確認した。

本章で得られた知見は、以下のとおりである。

① 段築の施された古道には中世以前の古道が多く、したがって、築かれた年代も中世以前と思われる。いずれの現場も人家から離れた山奥のため、水城や大野城あるいは大古墳などのように、国を挙げて造られたものではなく、地域の人々によって施工されたものと思う。

② 段築はいずれも粘着性の少ない砂質土で築造されているが、段築の法面勾配は、現在の盛土築造の常識から較べると急勾配で、1：1より急な所が多かった。隣接する切り通しの切土法面勾配も同様に急勾配であった。各事例からも推定されるが、地形上、山の勾配自体が45度より急な所が多く、それより急勾配で施工せざるを得なかったと考えられる。

③ 段築部の法面勾配は各添付図でも分かるように、片側が急でもう一方は緩やかという傾向がある。方角は関係なく、地山の地形からそのように施工されたと思われる。

④ 元の地形は凹んでいた地形であるが、段築部の路面縦断勾配がほぼ直線になっている理由は、物資の運搬や戦国期の軍勢の移動などを含む歩行性および木材を引き出すためなどが考えられる。

⑤ 築造後、数百年経過していると考えられるが、段築が根本的に崩れている箇所はほとんど無かった。

⑥ 古代の築堤は人海戦術によって丁寧な突き固め作業が行われたと考えられ、大小のタコや人足によって層状に突き固められたと推定される。

⑦ 急勾配の盛土工法として敷葉工法や版築工法が考えられるが、段築の築造に際し、敷葉工法が採られたかどうかは判明していない。しかし、版築と類似した図3-13のような段築工法が採られたことが考えられる。

⑧ 二箇所の段築部で行った土研式簡易貫入試験装置により調査した結果、地山より少し締まっている程度であった。踏査しても、さして固く締まっている状況ではなかった。

第3章の参考文献

1) 中根洋治：『忘れられた街道』〈下〉，風媒社，pp. 26,33,54,70，2006.
2) 春野町史編さん委員会：『春野町史　通史』＜上＞，春野町，p.100，1997.
3) 南紀熊野21協議会：『熊野古道・大辺路（田辺から那智へ）』，南紀熊野21協議会，p.8，2001.
4) 中根洋治：『忘れられた街道』〈上〉，風媒社，pp.117-128，2006.
5) 中根洋治：『愛知の歴史街道』，愛知古道研究会，pp.439-442，1997.
6) 前掲，4)，pp.104-113.
7) 前掲，1)，pp.53-58.
8) 前掲，4)，pp.70-71.
9) 前掲，1)，pp.26-34.
10) 前掲，4)，p.108.
11) 前掲，4)，pp. 117-128.
12) 愛知県：『愛知の林業史』，愛知県，pp.9-115，1980.
13) 尾花沢市：『尾花沢風土記』，pp.177，1977.
14) 高倉　淳：『御普請方留』，橋浦隆一，pp. 23,24，2002.
15) 林重徳：「古代にみる地盤技術と現代への展開」，土と基礎54-9，p.2，2006.
16) 西谷正：地盤工学会，歴史的地盤構造物の構築技術および保存技術に関するシンポジウム，特別講演，「古代版築における敷葉工法」，2008.
17) 奈良国立文化財研究所40周年祈念論文集刊行会：『文化財論叢』，工楽善通，「古代築堤における敷葉工法」，pp.507-511，1995.
18) 江浦洋：「土のう使用と敷葉・版築工法」，季刊考古学第102号，p.41，2008.
19) （株）大林組広報室：『縄文』季刊大林N o.42，（株）大林組，pp.20-24，1996.
20) 中根洋治：『愛知発巨石信仰』，愛知磐座研究会，pp.111-117，2002.

第4章　古道の災害時利用

4.1　はじめに

　愛知県下の山間部の古道を調べてみると、2.5 表2-2のように32路線の中、21路線が尾根を通る古道である。中世以前の山間部にある古道が尾根を多用しており、分水嶺のために他地区から水が集まらないので雨に対して強い。また長期間使われてきたので、あらゆる災害に対しても強いということが指摘できる。

　本章の目的は、古道の現代における利用方法について説明することである。現代の山間部の道路は、車両用のために勾配を緩やかにし、河川沿いが多い。河川沿いの道は、洪水・地震などの災害により壊れ、通行止めになることがある。災害の規模によっては、河川沿いの道は徒歩でも通行不可能になることがある。このような災害時における古道の活用について、具体例と共に検討する。

　本章での検討方法は、筆者らの経験と、実際の災害の聞き取り調査、ならびに現地調査により進める。なお、既往の研究について、古道と災害の関係について述べた事例は、筆者らの研究[1),2)]以外には見当たらない。

4.2　尾根道の特長と災害時の状況

　序論や第2章でも述べたが、尾根道の特長を改めて挙げてみる。
① 乾き易い場所が多く、川や湿地の横断が少ない。
② 高い尾根は見通しも良く、河川の増水状況などを知ることも出来る。
③ 敵や獣・毒虫などに対しても、中腹や山麓に比べて有利である。
④ 落石の危険性が少ない。
⑤ 川沿いの道より近道の場合が多い。
⑥ どちら側の麓へも行き易い。

などである。次に揚げる事例にもあるが、尾根には別の場所からの水が集まることなく、降雨後も速やかに乾く場所といえる。

　尾根の古道に対して、現在の道路は川沿いが多い。なぜなら、車社会のために勾配の緩いルートが選ばれているからである。勾配の緩いルートは、遠回りでも川沿いが多いのである。つまり、河川沿いに多い現在の道路は、大洪水や大地震の場合に被害に遭いやすい。

　次に、河川はなぜ集中豪雨で溢れ、堤防が壊れやすいか。それは、河川断面の決定に際して、1時間雨量が50～80mmの範囲で設計される場合が多く、これを越えた雨量が毎年のように全国のどこかであるからである。集中豪雨が襲うと、山腹崩壊に伴う流木・土石流も加わり、沿線の道路も通行止めになることがある。また大震災により河川沿いの道路が埋没し、通行止めになることも考えられる。しかし、何時襲うか分からない豪雨に対応した大断面にすることは、投資効果と工期の面からできないことである。

　道路が通行止めになった場合、規模によっては開通までの期間が数日から数ヶ月かかることも考えられる。現実に今までの大規模災害でそのような事例があった。このような山間部および丘陵地における大災害の時に、河川沿いに歩くことも出来ない場合、旧道や尾根にある古道が災害時の避難・連絡・救助・復旧などに利用できると考える。

　このような内容に関わる事例を以下に示す。

4.3 災害時に古道を利用した事例

(1) 事例-1) 小原・藤岡（現在は豊田市に合併）の「七夕豪雨」の場合

写真4-1 仮橋復旧後の水音橋

写真4-2 矢作川沿いの県道崩壊状況（豊田市下川口）

この災害は、1972（昭和47）年7月12日の梅雨末期に襲った集中豪雨である。時間最大雨量85mm・累計386mmの雨量で67名の犠牲者が出た。この時、筆者は担当土木事務所職員だったので、翌日から3日間の災害調査担当になった。河川沿いの県道は寸断され、途中の橋は全壊して通行不可能であった（写真4-1）。調査途中、河川横断時にダム決壊の濁流が襲って、岩と岩のぶつかる音が聞こえ、押し倒される危険に遭遇した。この写真は、災害後1週間ほど後のものなので、既に応急仮工事が成されている。

現場へ近付くと、通行可能な一般道が見つからないので、地元古老の案内で図4-1に示すような尾根越えの古道を通って、西細田から平畑へ歩いて行った。その尾根道は、豪雨の翌日にもかかわらず乾いていた。平畑は尾根古道の東端の集落で、矢作川に面した急傾斜地である。最初に見えた家は土石流に押しつぶされ、主人（その古老の子）が亡くなられたところであった。

矢作川沿いの県道も、写真4-2のように歩行さえも不可能であった。この場所は、現地から下流へ行った最初の県道交差点付近である。この箇所の他にも至る

図4-1 豊田市小原地区の災害時歩行経路
（国土地理院1/5万図、「明智」2004年発行に加筆）

所で通行不可能の状況であり、特に、矢作川へ合流する河川の橋梁は全て壊滅状態であった。

　矢作川流域の中でも、この藤岡・小原地区は特に花崗岩とその風化したサバ土地帯であり、3日間ほど降り続いた後に襲った豪雨により、サバ土は土石流となって流下した模様である。一帯の河川は、その豪雨と土石流が混じり合った茶黒い水によって、渦を巻くように両岸が削られ、あるいは堤防から溢れて農地や宅地に襲いかかった。この地区としては、18世紀の明和年間以来の豪雨災害であった。

(2) 事例-2)「新潟県中越地震」の場合

　この地震は、2004（平成16）年10月23日に襲ったものである。M 6.8の規模で、死者の発生は23名ということであった。特に長岡市山古志地区では緩い堆積土砂が崩壊し、河川を埋め尽くしたニュースが報道された。筆者の地元の愛知県からも、災害復旧工事のため後輩が応援に派遣された。その関係で長岡市山古志支所の地域担当者に問い合わせた結果、「地震直後は全ての車道の通行が不可能であった。各集落の安否の連絡は、図4-2に示すような旧道や尾根古道を支所まで歩いて住民が教えてくれた」とのことであった。そして、歩いて連絡に使われた旧道を村図に図示し、その図を送って頂いたので、それを縮小転写した。

　旧山古志村の長島元村長は、中越地震5周年目の2009年10月23日のラジオで「地震直後は、舗装道路は全滅、テレビ・ラジオ・携帯電話も不通で、山の向こうに住む老人の安否を確かめるために、職員が山を越えて行った」ということであった。携帯電話は無線塔が倒れたので不通になったそうである。

図4-2　新潟県長岡市山古志地区の地震時の歩行経路図
（国土地理院1/5万図、「長岡、小千谷」、1996,1994発行に加筆）

なお、同年の2004年7月13日には同地方を、時間58mm、累計421mmの豪雨が襲った。新潟・福島豪雨と呼ばれ、浸水面積6338ha・床上浸水約8600戸・地滑りと崖崩れ338箇所というような被害規模であった。これらは、インターネットによる国交省と新潟県などのデータによるものである。豪雨のニュースはテレビで放映していたが、その時の記憶は、新潟県中之島町が大きな水害を受けたというものであった。地図を見ても、中之島町は信濃川と刈谷田川に挟まれた地区である。やはり、水害に遭いやすい地名だと思われた。

豪雨の3ヶ月後に起きた地震は、地質の関係のみならず降雨により地盤がゆるんでいた事が被害を一層大きくした可能性も推定される。

(3) 事例-3) 岡崎市古部町の防災道路の場合

古部町は山間部にある集落である。現在約27戸の古部町の集落の人達は、近年、南にある県道まで3km程のうねった山あいの1本の道路を利用して出入りしていた。このような状況の中で、もしも、災害時にその巾3mほどの道路が塞がってしまうと、古部の集落は孤立するおそれがあったので、岡崎市は、図4-3に示すような集落から西方へ抜ける災害対策のために、防災道路を2005（平成17）年度に築造した。この道をよく見ると尾根の古道（写真4-3）とほぼ平行していたことが分かった。その古道は、現代のような車社会になる前に、市街地との往来のために使われてきたものである。

写真4-3　岡崎市古部町の尾根にある古道

図4-3　新潟県長岡市山古志地区の地震時の歩行経路図
（国土地理院1/5万図、「長岡、小千谷」、1996,1994発行に加筆）

(4) 事例-4) 浜松市天竜区竜山町瀬尻地区の場合

　この天竜区の事例は、洪水を初めとする災害により現在の舗装道路がもしも通行止めになった場合、歩いて往来していた旧道を使うことが出来るように、保守管理を地元の人達で行っている。この古道は、数年前まで通学路として使われていた山腹にある旧道である。過疎化により集落には青少年は見当たらず、学童はほとんど居なくなったので学校は廃校され、旧道は通学にも使われなくなったが、現在でも旧道を整備している。図4-4に示すように、天竜川の中流にある瀬尻地区には、戦前まで約200戸があったが、現在は約140戸といわれる山腹の集落である（写真4-4）。

　この現場は、第2章の秋葉古道の通る山脈から、天竜川を挟んだ西側になる。

写真4-4　瀬尻地区を天竜川対岸から見る

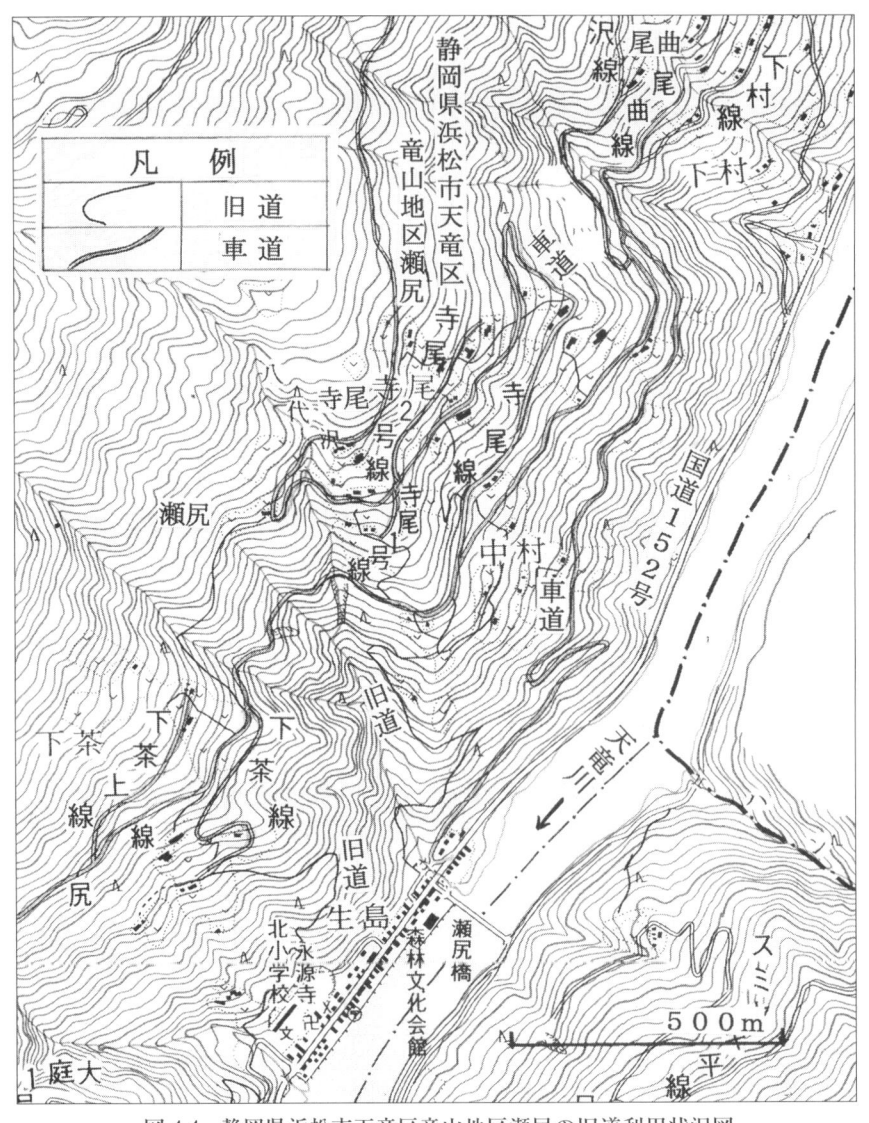

図4-4　静岡県浜松市天竜区竜山地区瀬尻の旧道利用状況図
（静岡県旧磐田郡龍山村全図、1/2万図部分に加筆）

瀬尻地区の山腹は、地域によってさらに尾曲(おまがり)・中村(なかむら)・寺尾(てらお)・下茶(しもっちゃ)・大庭(おおにわ)・下里(くだり)と分かれている。中村の最も高い所に住む尾羽さん（95才の女性）に聞くと、「秋葉ダムが昭和33年に出来るまで、生島(おくじま)まで生活用物資を運搬する舟運があった。そのために車道が出来る時期が遅れた。この付近の車道が出来た時期は、幹線が昭和48年頃だと思う。旧道はキンマ道・ソリ道と呼び、車道が出来た後も、近道なので義務教育の生徒は利用した。キンマ道・ソリ道は木材を山から出す場合に、橇(ソリ)を使ったからである。旧道は毎年、6、8、10、12月の年4回手入れしている。中村地区は23軒あるので、1回が3～4人で作業すれば、各家は、年1～2回出ればよい。各地区の担当区分が決まっている」などの話を聞いた。

写真4-5　毎年手入れされている旧道

　中村よりもっと高い場所の寺尾地区に住む宮沢さん（63才の男性）に聞くと、「家の標高は約450mだから、下の国道までの高低差は340mほどある。昔から旧道を歩いて生活してきた。小学校は平成16年に廃校になったが、今でも旧道を保守管理している」（写真4-5）などの話を聞いた。

　瀬尻の他地区では戸数が減り、住人のほとんどが老人になったので2年ほど前から旧道の手入れが出来なくなったといわれる。

(5)　その他
a)　その他の事例

　事例1)の場合で、旧藤岡町御作(みつくり)の山内氏に聞くと、「あの豪雨の時は午前2時頃、家が県道の反対側へ押し流され、家族や隣人達は裏山へ逃げた」などの話を聞いた。このことは、道が無くても思わぬ災害の場合には、高い所へ避難しなければならないことを示している。

　事例3)の場合、災害時の避難・連絡・救助・復旧などのために考えられたルートが、水の集まらない山越えのルートだったのである。しかし、この新設の災害対策道路が、完成直後の集中豪雨により通行止めになった。皮肉なことに、従来から使われていた谷間の道は壊れなかったのである。これらの他に、新しい道路や堤防も水害や震災に弱いことは、最近の事例でも多く見かけられる。我々土木事業に関わる者としては誠に残念なことである。

　2007年3月25日の能登半島地震はM6.9であったが、その直後に調査に行った人の話では、主要幹線道路の能登有料道路が32日間通行止めになった。現地付近の新しい車道は全て通行止めで、古い道しか通行できなかったとのことであった。さらに、2009年8月11日の静岡市を襲った地震では、東名高速道路のみが5日間通行止めになった。つまり、長期間使われた古道の方は、意外と丈夫で安定している。

　上記本文の4つの事例は山間部の事例であったが、海岸沿いでも同様のことがいえる。道路が地震・強雨・地滑り・噴火などによって通行止めになった場合、親・兄弟・親戚・友人・勤務先の関係者などと避難・連絡・救助・復旧などのために急いで往来する場合には、歩いてでも安全な山道を使わざるを得ないことがある。

　静岡県の由比地区の東海道は、崖の上を越えていた。海岸沿いでは、波の危険と崖崩れの危険があるからである。海岸沿いの旧道は下道といわれ、別名「親知らず子知らずの道」と呼ばれた。つまり、北陸の「親不知子不知」の海岸と同様に、危険な海岸通りだったことと思われる。

　2009年8月9日には、兵庫県佐用町に集中豪雨が発生した。この豪雨は午後8時頃がピークで、これに対して神戸新聞の記者が同日午後8時45頃に出発し、現地へ取材に行く時、「川沿いの道路が決壊して通れなかったので、山越えの道を使った」というニュースが翌日に載っていた。山の上には集まってくる水が比較的少な

いので、他の場所に比較して通り易いと考えられる。

　このような事例から、こうした災害時に応急復旧されて車両が通行可能になるまで、孤立した集落への連絡には古道の活用を提案したい。ヘリコプターでは、地形によって個々の詳細な情報収集を緊急に行うことが困難であると思われる。したがって、古道を承知していることは、災害時の連絡（フェイルセーフ）通路として意義ある事と考えられる。

　山間部の古道を使う問題点は、近年の山間部では若い人が少なく老人が多いので、古道の効果は分かっていても維持作業が出来なくなってきている実態がある。そんな中でも、2章で紹介した静岡県水窪町針間野や、本章の瀬尻地区、あるいは豊田市松平地区の豊松町でも中世以来と思われる尾根道を苦労して清掃している。

　また、道路には所々に一定幅員より広い所が欲しい。広い所があれば、災害時の救助・調査・復旧・ドライバーの駐車などに使うことが出来るからである。

b) 歴史的災害例

　一般的に、通行に影響を与えるような災害の種類には、風水害・地震・火災・噴火・土砂崩れなどがある。国内では毎年のように各地で、集中豪雨による災害が起こる。しかし、ある地区に限定すると、大災害をもたらす確率は極めて少ない。ここでは第2章で取り上げ、また本章の事例4)でも述べた天竜川流域の、歴史的災害記録を文献[3]から抜粋する。

① 「715（霊亀元）年、震災、山崩れが天竜川を数10日塞ぐ。1715（正徳5）年、180年来の大水害。"未の満水"という。

② 1854（安政元）年、震災、郡下1,400戸余全壊、山上の家屋が山崩れのため転落。

③ 1904（明治37）年、豪雨により橋の流失、犬居学校生徒50人帰宅不能などがある。

　これらの大災害を受けても、古来からの峰道は比較的崩壊の箇所が少ない。

4.4　第4章のむすび

　本章では、古道の災害時活用について検討・考察した。その結果、山間部の川沿いの車道が通行止めになるような水害・震災時などの場合に、尾根を主として利用した古道が安定し丈夫であるので、避難・連絡・救助・復旧などのために利用できることを事例と共に説明した。したがって、このような大災害時に、安全のための予備として旧道や古道を使うことが考えられ、平地部でも古い道ほど壊れにくい傾向があり、現道路の旧道や長期間使われ今では忘れられたような古道も、常日頃から保守管理して認知しておき、フェイルセーフ道路として活用することを提案した。また、現在の道路には所々に一定幅員より拡幅したスペースをできるだけ確保することにより、災害時の救助・調査・復旧・駐車などに活用できる。

第4章の参考文献

1) 中根洋治：「尾根道の災害時活用に関する研究」，立命館大学理工学，紀要第66号，pp.41-48, 2007.
2) 中根洋治，奥田昌男，可児幸彦，早川清，松井保：「Old ridg road used at the fail-safe path」，International Society of Offshore and Polar Engineers-Beijing,Vol.Ⅱ,2010.6,pp.793-798.
3) 木下恒雄：『静岡県周智郡犬居、気田、熊切、編年・春野の歴史』、自費出版　pp.11,128,166,212,1984.

第5章　河道の変遷と問題

5.1　はじめに

　旧河道や池の跡などの低湿地は、浸水や地震の被害を受けやすいので、ここではそれらの土地の履歴を調べ、その後災害対策の面から問題を指摘する。

　近年、人口は山間部から流出して沖積地に集中し、旧河道も埋立てられて様々な土地利用がなされ始めている。今後益々その傾向が強まり、同時に旧河道の存在が不明になり、水害や震災を受けやすいという問題がある。また、旧河道を締め切った所は弱点であるから洪水時には破堤現象が生じることがある。最近では、大河川の中流部には堤防が補強され、河床低下も見られるので破堤や越水の危険は多少薄らいできたかもしれないが、大河川背面の内水氾濫や中小河川の危険が増してきた。本川の河床低下があっても中小河川の排水は、下流の放流部で海の影響がある場合が多いので、水面勾配は昔のそのままのことが多い。

　過去の震災事例では、旧河道に多い砂地盤は、液状化によって大きな被害を受けている。旧河道には、被害を大きくするといわれる粒径の揃った細砂と地下水が多い所もあり、沖積層が厚いほど震災を受け易いといわれる。旧河道と災害について述べた文献[1]もある。

　沖積層の旧河道の変遷に関して、木曽川流域については既に調べられた文献[2]がある。しかし、今までの調査によれば、そこには載っていない水辺を表す各種の地名が現地にあることから、まだ他にも旧河道があるに違いないと考えた。たとえば、小牧市の低地には、付近に河川が無いのにも拘わらず舟津・三ツ渕・西之島という地名が残されている。また、矢作川については、その概要図があっても詳しく論じられた文献がないので、既に筆者が中心となって著した『矢作川』[3]という本を参考にこの川の生い立ちを調べる。さらに、豊川流域については、現河道から遠い農地の中に巨大な堤防が残されていることに対し調査のメスを入れる。

　この章の目的は、木曽三川・矢作川・豊川の沖積低地における旧河道の変遷を詳しく調査することによって、宅地をはじめとする利用が成されつつある沖積低地の水害・震災などの災害対策に活用することである。この調査では、木曽川の乱流状況の把握をスタートとして、熱田海進まで遡って海進・海退に伴う地質的変遷と共に、人工的に造られてきた河道の変遷についても述べる。調査方法は、現地へ赴き地元の聞き取り調査をし、関係各市町村誌と河川に関する文献、地質調査結果などと共に、地質専門家の意見なども参考にする。

　なお、旧河道の調査は、付随して昔の乱流状況を利用した舟による重量物と大量輸送の運搬経路が推定できるので、土木史の一環として本章に含める。また、地名と旧河道は関係が深いので、随時触れる。なお、「旧河道」という呼び名については、「旧川筋」「旧流路」「廃川敷」など色々あるが、本章では「旧河道」として稿を進める。

　沖積層は大ざっぱにいって、約1万年前から現代までに堆積した地層を言い、完新世ともいう。洪積層はそれ以前の大洪水によって砂利や玉石までを堆積した地層であり、更新世ともいう。

5.2　木曽川旧河道の調査

（1）古代絵図を考察する

　最初に、次ページの古絵図（図5-1）から解説する。これは、豊田市の猿投神社にある絵図を筆者が最も忠実に模写し、それを書家に清書してもらった図である。模写図は、「庄内川改修誌」愛知県土木部・昭和39年発行や、その他複数の人達が作成している。この図にある地形の年代には、養老年間という記載があって、長

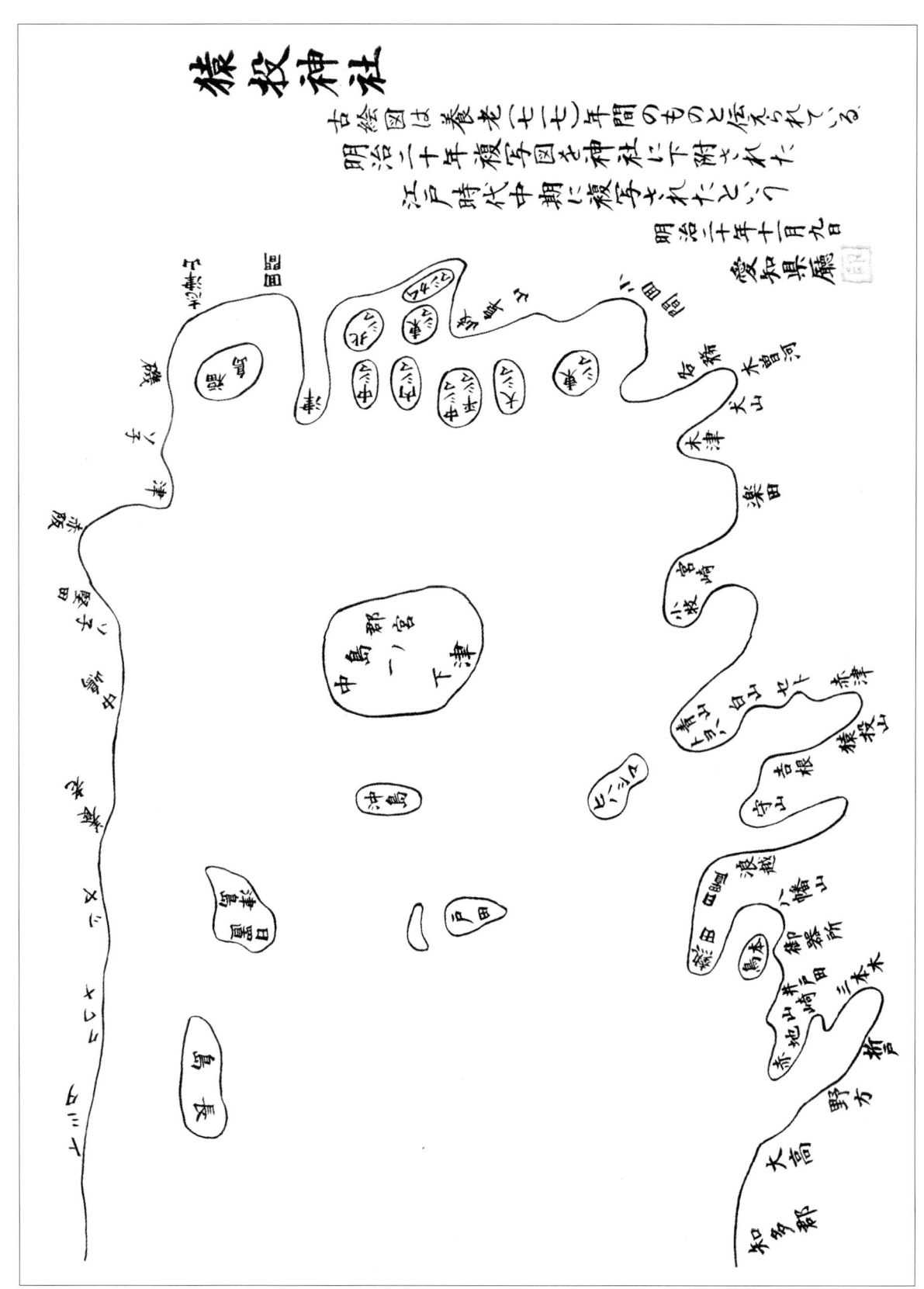

図 5-1　熱田海進の図（猿投神社所所蔵図を中根複製）

注）この図は養老年間の地形ではなく、熱田海（今から 12 〜 14 万年前）の姿を江戸時代に書き写したものと考えられる。セト・赤津・猿投山の谷は、もう一つ南側である。
　同様な熱田海進の図が、文化 11 年に旧春日井郡玉井之神社からも発見されている。

い間疑問を持っていた。養老年間というのは西暦720年ころのことなので、古墳時代の少し後のことである。このころは海面が高かったはずがない。筆者は猿投神社の古絵図とよく似た図の解説を最近見つけた。それによると、これは12〜14万年ほど前の海面が20〜30m上がった熱田（下末吉）海進の状況とされる[4]。本章では平均値をとって端的に約25mと表現する。これは海面上昇のことなので、全国的なことと思われる。

　この古代絵図に、現在と同じ地名が載っているが、江戸時代に書き直されたからであろう。北部の「ソ子」は現在の岐阜県安八郡神戸町曽根、「礒」は揖斐郡大野町磯、「福嶋」は本巣市下福島、「津」は瑞穂市生津に相当する。各務原市の東島、さらに岐南町の平島などの地名もある。小牧市の岩崎は、原図には「宮崎」となっている。「浪越」は名古屋市大須に「浪越公園」がある付近と思われる。標高約11mであるが、波が越えていた所と思われる。岐阜や木曽川は信長の時代に付けられた地名である。

　この図の中、瀬戸市赤津方面の現在の標高は約200mあるので、その後この付近の地盤隆起によるものかもしれない。熱田層および各務原層という洪積層は中位洪積層といわれ、この海進後の今から7〜13万年ほど前に堆積したといわれている。海中の南部の島々は、現在の標高から中島郡一宮は縄文海進時のもの、津島以南は図5-2を参考にすると、平安末期から鎌倉期の海進時の状態と想定される。

　熱田海進以降の更新世（後期洪積世）に関わる河道については、後の第6章で扱う。

(2) 濃尾平野の地質的変遷

　木曽川の扇状地形成は、熱田海進の海面が低下するに伴い、扶桑町・江南市付近に堆積していた中位洪積層が洪水によって削られ、玉石から栗石などが散布された形状になった平地と解釈される。そして、1万8千年ほど前の海面が約130m低下して、河口に向けて谷が形成された後、海面の上昇と共にシルト及び砂系の沖積層が表面を覆った平野で、下流に行くほど沖積層は厚くなっている。これは、河床勾配が洪水の時より沖積時代の方が緩やかだったためと思われる。さらに下流部では濃尾傾動運動による地盤沈降によって沖積層が厚く堆積し、洪積層

写真5-1　犬山市木津の河岸段丘

は20m前後の深い位置にある。1万8千年ほど前の海面低下はウルム氷河期であり、後述するように低下に至るまで、5万年ほど前からの気候の温暖と寒冷の繰り返しにより、海面は上下しながら洪積台地を削り取って低くなったと考えられる。その河岸段丘が犬山市の木津にある（写真5-1）。

　その後、およそ1万2千年前までの間に濃尾層（沖積下部砂層）が堆積されたと思われる。続いて1万年前頃から後の堆積物は、沖積層（完新世）の砂やシルトを形成したといわれる[5]。その途中の6千年前頃には、海面が現在より3〜5mほど高くなった縄文海進があり、一宮市史によれば浜辺は稲沢市から一宮市（濃尾大橋付近）を結んだライン付近だったといわれている。しかし、筆者は6千年前からの堆積量が6〜9mくらいあるので、もう少し上流の標高10m前後まで縄文海進は及んでいたのではないかと推定する。

　その後、弥生時代には現在より海面が少し下がったので、水田のような低地の各地から遺跡が発掘されている。濃尾平野は、地質時代から現代までの濃尾傾動運動によって養老山脈方向へ沈降している[6]といわれるので、西方では沖積層が厚くなっている。津島市を中心とした海部郡地方には、そのことに加えて、昭和30年代からの地下水汲み上げによる地盤沈下で、海面下3m近くの地域があり、この一帯は全国でも最も広い面積の海抜ゼロメートル地帯となっている（図5-2参照）。

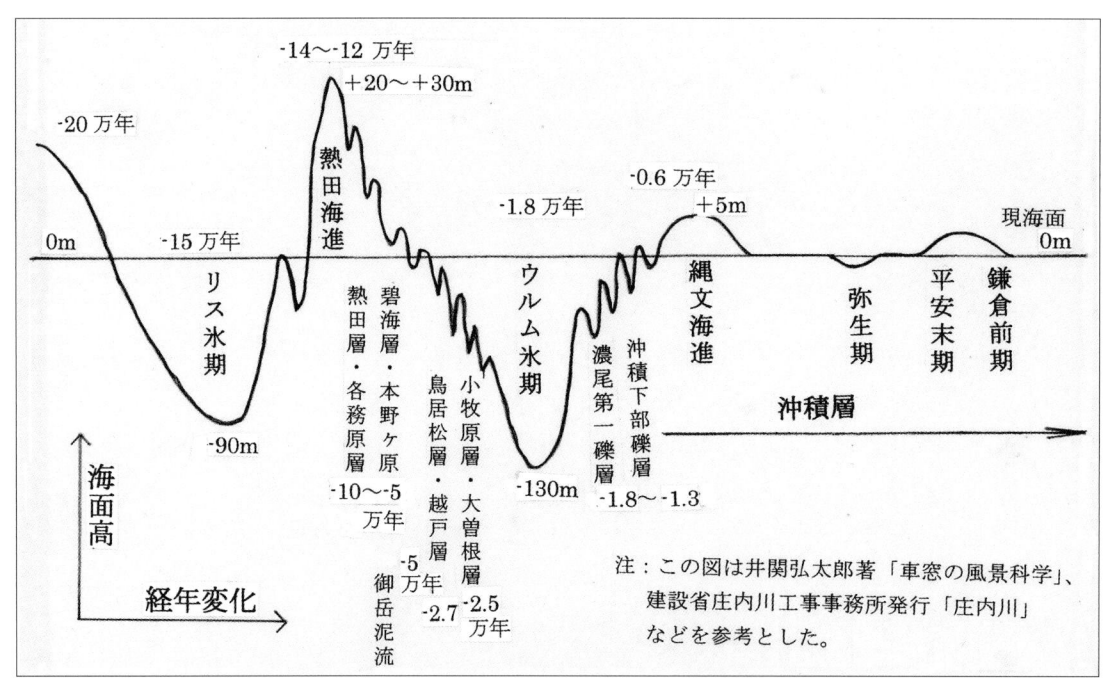

図 5-2　海面変化と洪積層の形成図（中根作成）

(3) 主に愛知県内の木曽川旧河道について

a) 現況説明

まず現地踏査の状況について、概要は図 5-3 に示すとおりである。内容は主に沖積地の北東から南西へ向けて述べる。

小牧市の舟津、三ツ渕、西之島辺りを目指して小牧駅から西へ進むと段丘があり、その麓に新境川（旧東西春日井郡の境）が流れ、さらに西へ行くと舟津にまた段丘がある（写真 5-2）。ここは最下段なので、舟津はここから東方の集落にとって重要な湊であったと考えられる。

小牧市役所の文化財担当に聞くと、「織田信長が小牧城に居たころ、ここは船が頻繁に出入りした湊だったそうである」といわれる。この図の舟津の東を流れる巾下川を遡っていくと、巾下川には落差工が数多く設置されていて、東の丘陵地へ向かっている。

なお、ハバという言葉は縄文時代以来の崖地名といわれる。犬山市から藤島まで続く河岸段丘には連続してハバ地名がある。名古屋城の西は幅下町で、木曽川対岸の各務原市にも羽場町があるが、そこも中位河岸段丘のある場所をいう。

写真 5-2　舟津の段丘から低地の巾下川方向を見る（西向き）

舟津の西を流れる境川を遡ってみると、これも巾下川と同じ丘陵地の方向へ向かっており、双方の川とも木曽川の分流とは考えられない。ただし、途中の入鹿出新田の神明社（国道 155 号南）で北西へ向かう木曽川分流の河道跡（巾 30m ほど）と思われる地形があった。岩倉市と小牧市の境界を流れる矢戸川は、三ツ渕の西側を進み、さらに上流へ行くと東海理化という工場に突き当たる（図 5-4）。その北側を辿れば、現矢戸川の右岸に旧河道と思われる低地が五条川の奈良子方面へ向かう。上流からいえば、後述の一の枝川（昭和川）の方から矢戸川を下り、舟津付近に沼を造り下流へ流れていた河道もあったと見られる。なお、矢戸川河口と五条川の関係は、本節 (d) 五条川の大曲、で後述する。

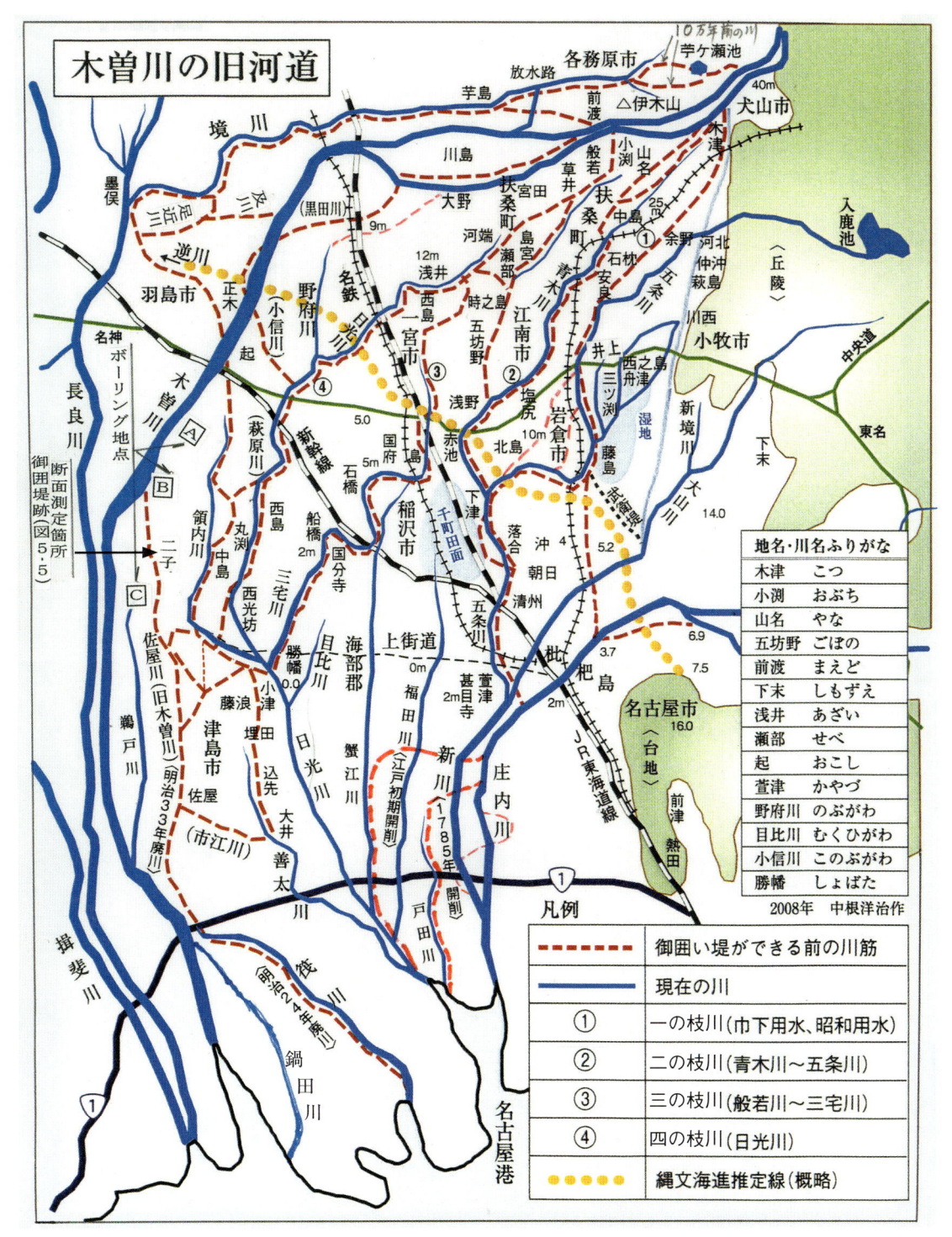

図 5-3 木曽川の旧河道図（中根作成）

　その北方の河内屋新田という所は、大阪府の河内地方から入鹿池築造のために来た人達が住んだ土地といわれる。ここでも明治元年の入鹿池の堤防切れで 27 名ほどが溺死したとされ、農地の下に玉石があるという地域である。平坦地だが、入鹿池の水が来たことは犬山方面からの流れがあった経路の可能性が強い。

　舟津から下流を踏査すると、「藤島付近の田圃の下は、数 m の厚さが軟弱な黒い土」であることがわかった。このことは、舟津付近から藤島方向まで淀んだ沼地であったことを表す。藤島には後述のように藤島団地が出来ている。藤島団地の上流西側は、矢戸川と巾下川に挟まれた低地が工場団地となっている。

　踏査範囲を広げてみると、舟津にある河岸段丘は、ほぼ巾下川に沿って北上し、犬山市木津に繋がる。舟津の段丘上を東方へ行ってみると、下末付近の段丘も、鮮やかな河岸段丘のように見える。これは標高の高い段

第5章　河道の変遷と問題

丘なので、もっと古い時代のものになる。つまり海面低下と共に、尾張の北東方向の隆起と、西部方向の沈降によって出来たものと考えられる。したがって、犬山市木津から大山川へ向かう木津用水以東は、有史以来の木曽川旧河道は考えられない。

写真 5-3　一の枝川跡、右の暗渠が巾下用水、左前方の家は旧河道

写真 5-4　二の枝川跡、現在の青木川は柵板の右側、左前方の家は旧河道の中（扶桑町柏森）

次に、扶桑町の方を踏査すると、余野の近くにある丹羽消防署の北側に旧河道の跡が見える。その中の水路は巾下用水といわれる（写真5-3）。上流へ行くと、東川という所で木津用水と重なる。今度は丹羽消防署から下流へ行くと、巾60mほどの川の跡が鮮やかに残っている。やがて旧河道中央にコンクリート矩形断面の昭和川（巾下用水）が現れ、安良という所で五条川へ合流する。ここでは、既存の資料では未発表のこの川の跡を「一の枝川」とする。

なお、図5-4は小牧市付近を拡大したものである。

さらに、扶桑町柏森（中島付近）へ行って聞き取り調査をすると、「美濃側を流れた川は、後述のように鵜沼川と呼ばれていた[7]。一方、尾張側を流れた多くの川は、尾張川といわれ、九瀬36流ともいわれた。青木川は尾張川の中でも古くて大きい川で、信長の時代には古川といわれた。現在も残るその右岸道路は伊勢路と言われ、伊勢詣に使われた。御囲い堤は幾度も破堤した。木曽川の玉石は、昭和の前半に石垣をはじめとして大量に使われた。昭和30年代までは、索道を張って木曽川から玉石が採取されていた。そのため木曽川の河床が下がったと思われる。河床低下のため宮田用水の取り入れ口は、大野〜宮田〜小渕〜濃尾用水頭首工（1963《昭和38》年度完成）へと上流へ移された。この川跡にある畑を掘ると玉石が出る。一寸した雨で現在の川はすぐに溢れる」ということである。

青木川中島調節池（名鉄犬山線柏森駅付近）の上流へ行くと、幅100mほどの旧河道と思われる低地が確認できた（写真5-4）。上流端は、木曽川縁にある犬山市木津の犬山中学校へ至る。中学の西に木津神社がある。そこの説明板には、「木津という地名は、木曽川上流から流された木材が、ここで集められたからである」とあった。

国土地理院の「土地条件図」を参考にすると中島から上流に、図5-3に示す青木川と平行して巾40mほどの川筋跡が確認できる。これは、名鉄江南駅と柏森駅の中間で線路を横断しており、青木川と合流する。上流端は先の木津神社付近へ至る。なお、青木川の別名は、「石枕川」といわれたが、これは沿線に「石枕」という地名があるからと思われる。青木川の下流には、現況の幅3mほどの川沿いに巾120mほどの川筋跡が確認出来、稲沢市下津へ向かう。下津は鎌倉街道の宿場で、北隣は黒田（標高9mの黒田川付近）、南隣は萱津といわれ、「津」の付く地名は湊であったと思われる。この青木川は、国府山阿弥陀寺の東で五条川へ合流する。これを、ここでは「二の枝川」とする。青木川の名前は、扇状地のオオギという言葉から名付いたといわれる。

次に、一宮市瀬部へ行き、三宅川の上流である般若川を上って行くと、江南市島宮付近では、巾80mほどの川跡が認められる。さらに、江南市街地に入ると、暗渠化されつつある。現在、島宮の上流約3kmの江南市

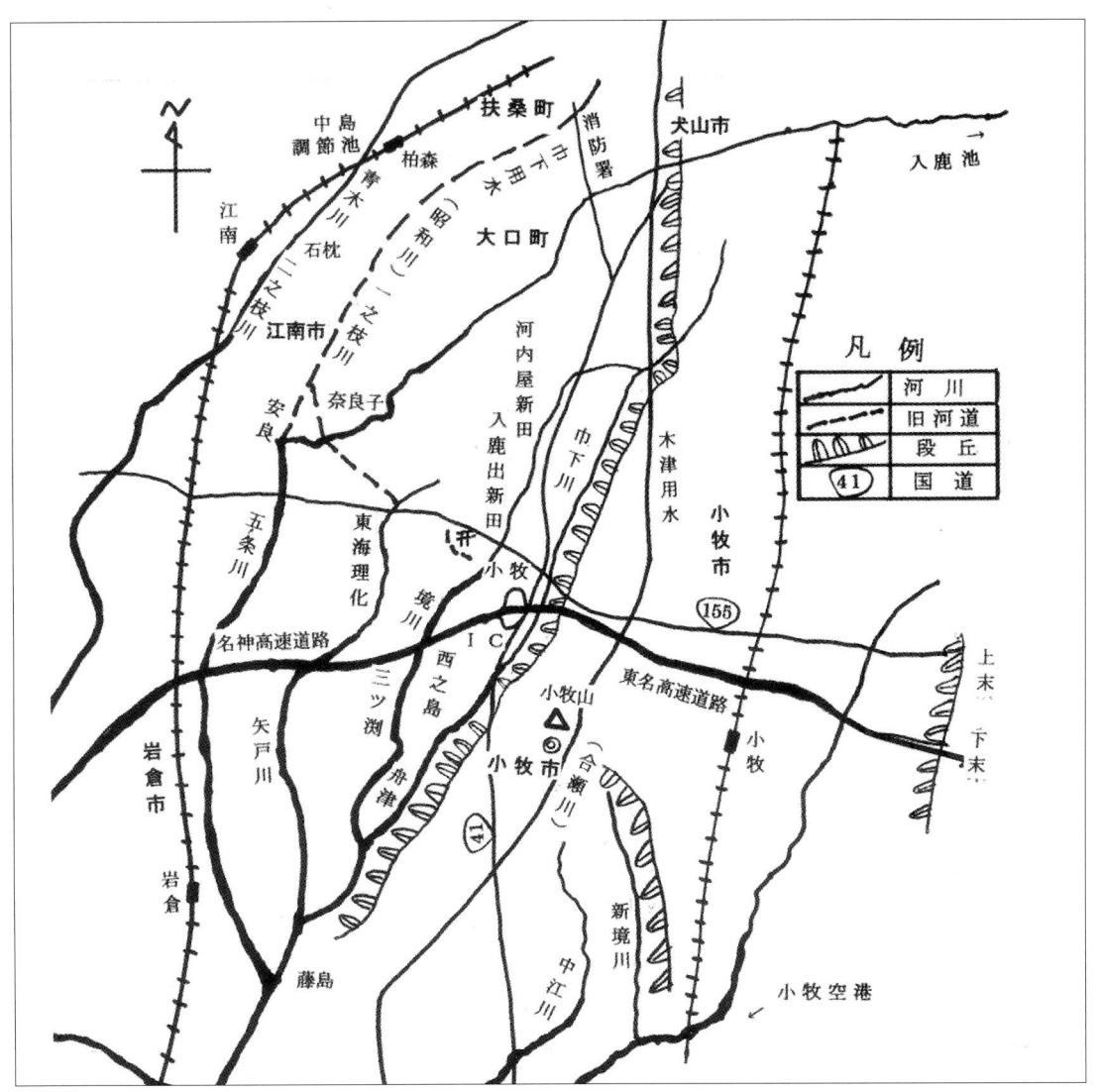

図5-4　小牧市付近拡大図（中根作成）

　高屋町で青木川導水路の工事状況を見ると、地表から1m余で最大長径約60cmの玉石が密に詰まっている。その上流では、農地の中に川跡が確認できた。北部中学の南側からさらに上流へ向かうと、般若地区の木曽川堤防に突き当たる。そこに白山神社があり、川跡と思われる低地の巾は30mほどであった（写真5-5）。
　瀬部から下流は、図5-3に示すように一部分が日光川と合流していたようである。その付近の地名にも瀬部・島宮・時之島・東島・中島などがある。それから下流の三宅川は、時之島付近で日光川と分かれ現在の一宮市市街地を流れる大江川とほぼ

写真5-5　三の枝川跡、般若川の最上流、正面の家は旧河道に建っている（木曽川堤防付近から撮影）

同じ河道となっていたようである。大江川は、一宮市街地を南下して三の枝川となる。大江川は西暦1001年に尾張国守大江匡衡が開削したといわれる[8]。稲沢市内に入ると、国府宮町の島という所（東浦橋の上流）にある水門から大江川（大江用水）と分かれ、国府宮の二之鳥居と三之鳥居の間の石橋を潜り、市街地を暗渠で蛇行した後、オープンの川になるのが三宅川の上流とされる。しかし、名鉄本線沿いの名神高速道路から南方

第5章　河道の変遷と問題

の島氏永駅まで旧河道地形が見られ、これが元来の三宅川かもしれない。そのせいか名神高速道路は名鉄本線と合わせて避溢橋となっている。避溢橋は、低地のために異常出水を通過させるためのものである。

　川の跡に作られた稲沢公園辺りから、再び田園風景が広がる。三宅川の中流は、地図や現地を見ても川筋が明瞭に分かる。「河流はとうとうと太い流れであったが、8世紀の始め頃になると流量が安定してきたので、尾張国分寺が稲沢市矢合町に出来た」という見解がある[9]。

　ところが、769（神護景雲3）年9月8日鵜沼川洪水により葉栗・中嶋・海部の三郡が被害を受け、下流にある国府・国分尼寺も危険があると奏上された。775（宝亀6）年8月22日の風雨により、国分寺を初め19の諸寺院の塔などが破損したと記されている。これに符合するように、稲沢市堀の内町の堀の内花ノ木遺跡から、溝の中に同時代の廃棄された瓦の数々が発見された。これはその時の台風により諸寺院が壊れたことを示し、続日本紀の記述と発掘調査の結果により、この頃にも洪水があったとされる（2008.10　愛知県埋蔵文化センター及び稲沢市主催の「775・巨大台風尾張国府・国分寺を襲う」展にて）。8世紀後半になると、また洪水が襲うようになったことが伺われる。

　石橋町付近の船橋町の西側にある三宅川改修碑には「織豊時代に鵜沼川を廃し三宅川を開墾せり、慶長14（1609）年、これを改修せしもこの川狭いので昭和8（1933）年拡巾」とある。鵜沼川とは後述の境川のことである。三宅川の旧河道巾は、池部町付近や旧平和町境界付近でも100mほどで、形跡が明瞭に残っている。般若川から大江川、さらに三宅川へ流れていた旧河道を、本書では「三の枝川」とする（写真5-6）。

　瀬部へ戻って、そこから図5-3に示すように、五坊野を通り浅野で青木川へ合流する川筋もあったようである。河道の跡は浅いので、短期間にのみ存在していたようであり、概ね現在の新般若用水が流れている川筋といえよう。地元を調査した結果、「この方向に二筋の低地が青木川の方向に向かっている。農地の1～2m下から頭大の玉石が沢山出る」といわれる。瀬部や浅井付近は、昔から水が停滞していた場所になるようである。

　日光川を求めて一宮市浅井（あざい）町へ向かった。そこでの調査結果は、「この付近の日光川は、雨が150mmも降れば溢れて、たびたび床下浸水にあう。昭和50年ころ、累計雨量600mmを越す大雨で水害を受けた。浅井山公園にある池はかっての日光川である。地主である浅井膏薬（こうやく）の森氏が明治期に寄付をして掘られたものであり、山は池を掘った土で盛られたもの」ということである。日光川の上流に辿って行くと、現在の水路に沿って所々に旧河道が認められるが、新般若用水（大江川）と立体交差してその下を潜っていく。なお、尾西市史によれば、木曽川沿いの宮田を経てその南隣の大野からも日光川の旧河道が示されている。そして、その数3千戸といわれる江南団地から旧河道は不明となるが、土地条件

写真5-6　三宅川（稲沢市上三宅）、三の枝、川左前方の家並みまでが旧河道

写真5-7　津島市天王川公園（駐車場が旧河道）

図を参考にすると、般若川から分流していたようである。日光川を「四の枝川」とする。

　次は日光川の下流へ行ってみる。その下流は津島市北西の天王川から佐屋川へ流れていたようである。天王川では、津島市宮川町の天王川公園（写真5-7）に両側の堤防が残っている。その川巾は目測で100mほどで

ある。その後西暦1785年、佐屋川の河床が高くなり、現在のように真っ直ぐな日光川と三宅川・領内川を一本にして南東へ導いた[10]。

日光川の県道給付清洲線の大正橋付近は旧平和町と旧祖父江町の境界を流れ、右岸堤から眺めると川跡の巾は170mほどに見える（写真5-8）。図5-3に示すように三宅川と日光川が合流していたならば、天王川の巾が狭すぎるので、天王川以外にも水が分流していたはずである。そこで、各種の古図を見ると、図5-3のように旧河道があったようで、その沿線には「小津・河田・古川・埋田・杁先・大井」などの地名があるので、実在したと考えられる[注1]。「杁」は「イリ」といって、用水の取り入れ口であり、「大井」も大きな井堰のあった所という可能性が高い。このように、旧河道が全く消えてしまった所もある。

なお、図5-3に点線で東西に記した上街道（県道給父西枇杷島線）は弥生時代末期の海岸線といわれる。また、伊勢湾台風襲来の時には、概ねこのラインまで海水が浸入したとされる。津島市北東の諸桑地内満成寺裏からは古代の丸木舟が出土し、愛西市（旧佐織町）歴史民族資料室に展示されている。その舟は、長さ約24m・巾2m余の楠材で、1838（天保9）年出土したものであり、尾張名所図絵に載っている。出土地は古川筋になり、その舟が使用されていた年代は、弥生から古墳時代ではないかとされている。古墳は殆んど、海部郡美和町と現稲沢市（中島郡）の境界以北にあることが、美和町歴史博物館に図示されている。その上流の西島付近の現日光川の堤防の外に残る旧河道の巾は150m程に見える。

小信川（このぶ）との合流点には、2つの樋門と2つのポンプ場がある。三面張りの小信川の上流へ立ち入ると、川跡の巾が150mほどあるが、都市化が進みその跡も埋立てられつつある。小信川の元は黒田川のようである[11]。小信川は1608（慶長13）年に塞がれて、新しく開削された現木曽川の方へ流されるようになった[12]。筆者と共同研究者が、木曽川堤から下流で小信川の旧河道に建っている家屋数を数えると、500戸ほどあるという。これは浸水や地震時に対して危険な場所であると指摘できる。小信川と日光川合流点の上流に野府川の合流点があるが、野府川上流の黒田地区を訪れると、この川は古川と呼ばれるので36流の1つであったらしい。その先は堤防道路を進み、前出の浅井町へ至る。

写真5-8　四の枝川、日光川右岸（祖父江地区）堤から家並みまでが旧河道

写真5-9　旧佐屋川跡（愛西市立田地区）、右は佐屋用水

写真5-10　御囲い堤跡（愛西市）

最後は、佐屋川である。弥富市の国道155号は、一部分旧佐屋川の中を通っている。そして、旧河道の巾が140mほどある西側に、コンクリートの佐屋用水が流れている（写真5-9）。写真の左側の農地まで旧河道に見える。さらに上流へ行くと、愛西市（旧八開村）二子町小判山の山神社境内に「御囲い堤」の残っている所（写

第 5 章　河道の変遷と問題

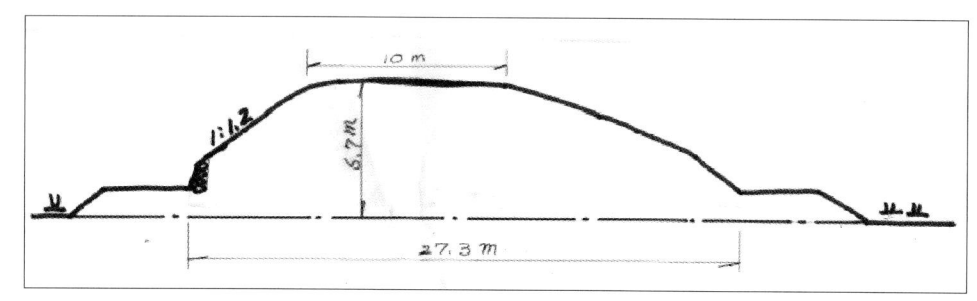

図 5-5　お囲い堤断面図（中根作成）

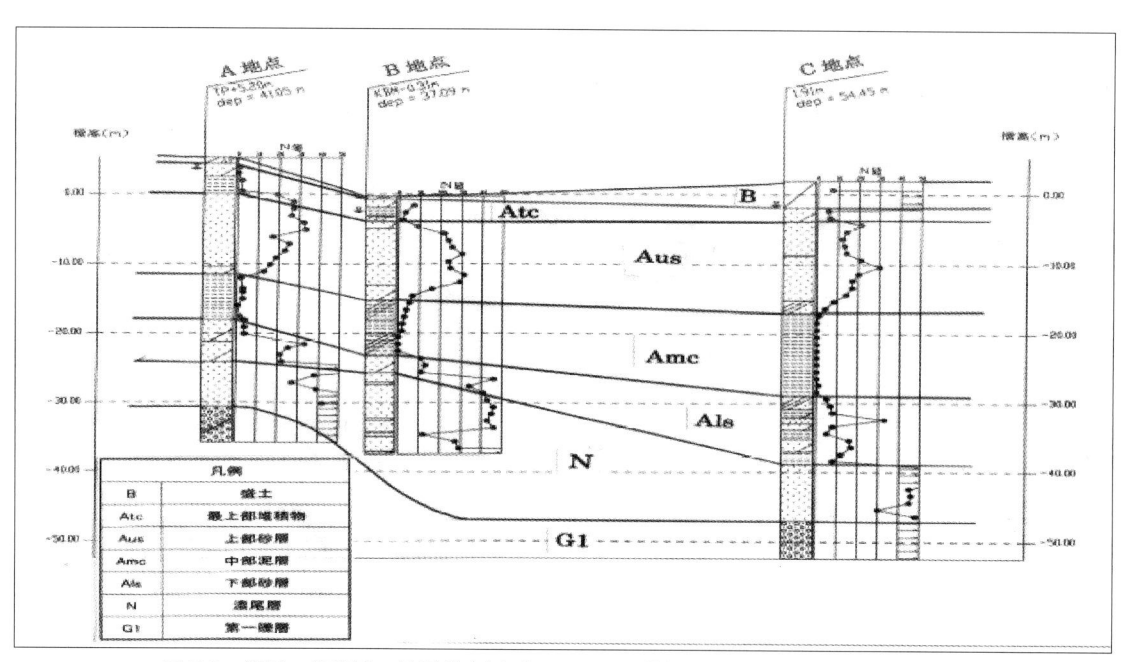

図 5-6　御囲い堤付近の地層想定図（ボーリング位置は図 5-3 に表示、奥田作成）

真 5-10）がある。堤防構造は 1 割 2 分の急勾配であり（一般には 2 割勾配）、しかも法尻には高さ 1.2 m（3 分勾配）の玉石積みが施してある。堤防高は周辺の低地から約 6.7 m である（図 5-5 参照）。

　愛知県内の木曽川・新川・矢作川の堤防土質は河川内の砂を使ったサラサラの砂である。御囲い堤が構築された旧佐屋川上流部に沿った地層を調査してみると、図 5-6 のようになる。A 地点は木曽川堤防の中腹である。層序や地層名には参考文献[13]を参照したが、同文献に示された愛知県稲沢市西部の層序と一致した軟弱地盤上にあることが認められた。

　また、1959（昭和 34）年の伊勢湾台風罹災の折、旧海部郡佐屋町の 97％が水没したものの、同町内にあった旧佐屋川左岸の御囲い堤跡地に建てられた住宅地は、水没を免れていた。

　b）海抜ゼロメートル地帯

　昭和 36 年～平成 17 年までの調査（東海三県地盤沈下調査会、2006 年配布資料）によれば、三重県長島町で 158cm、愛知県弥富市で 149cm 地盤が沈下している。尾張西部は、濃尾傾動運動と言われ、地質時代から養老山脈へ向かって沈降している地域である。この事に加え、昭和 30 年代から地下水の汲み上げによる急激な地盤沈下が生じたものであり、県はその対策として地下水の揚水規制を行った。その結果、昭和 50 年代に入って沈下速度が急激に遅くなった。しかし、海部建設事務所のロビーに飾られた模型にあるように、最低地盤高が海面下 3m 位の所もあり、海面下の土地の面積は全国で最も広く、約 336km²あり、そこに約 90 万人住んでいる（東海豪雨 10 年シンポジウム）。旧河道より最も危険地帯である。昭和 34 年の伊勢湾台風では、ほぼこの全域が水没した。

c）愛知県内の木曽川に関するその他の事項

　図5-3に示すように、当初の領内川は現木曽川ができる前の長良川から逆川筋を南下して流れていた下流側にあたる[14]が、日光川からも分流水を集めていた。その下流は佐屋川や日光川・三宅川とも合流していたという古図がある[15]。なお、佐屋川は元来堤内発生の小河川であったが、その左岸に御囲堤が造られた後、1646（正保3）年に開削され、木曽川主流となり、1899（明治32）年の三川分流工事により廃川された。「御囲い堤」が出来る前の河道状態は、無数の乱流が尾張国を流れ、図5-3に示す黒田川は前述のように元からあった川で、五の枝川とも言える。小信川はその下流にあたると思われる。蟹江町の佐屋川も乱流の名残であろう。

　「1495（明応4）年、河田の渡しを越えるとき、尾張守護代織田敏信は信長側の矢に当たり討ち死」という記録がある[16]。これは当時から宮田付近に黒田川を含む川が流れていたことを表す。また、「1566（永禄9）年、墨俣城築城時に一宮市起を渡る場合、中州が2つあり水流部の累計巾は"11反"くらい」と記されている[17]。1反は1町の1/10とすれば約110mであり、当時境川が木曽本流でも、現木曽川沿いにやはりこの程度のやや細い川があったことになる。

　2007年11月15日の各務原市広報によれば、笠松町の木曽川橋（名鉄鉄橋の下流、標高8.4m）の地下約15mから7千年前の海生のカキが出土した。その時期はほぼ縄文海進時であり、以後現代に至るまで濃尾傾動運動による沈下が加わり、約15m堆積したことになる。これは、この付近まで縄文海進が及んでいたことを表す。このことは、前述した稲沢市～濃尾大橋を結んだラインよりもっと標高の高いところまで縄文海進が及んでいたことを表す。

　それから、木曽川橋下流右岸の水中に、藤掛中州水没遺跡がある。ここには、弥生時代～室町期までの土器が出土している。対岸の河床からは縄文土器が出土し、水流のほぼ全幅から土器や木製品、動物の骨などが出土している。このことから天正の洪水以前、ここは大河川が無かったことになる[18]。岐阜県治水史によれば、1619年の洪水で藤掛沖合の小刷村が川の中になったとある。各務原市川島町松倉の伊八島遺跡では、木曽川本流左岸側の水中から西暦200～250年の遺跡が出土している[19]。天正の洪水により壊滅した村が移転した記録は、木曽川町史に図示してある[20]。

　約7ヶ月前の地震後に起こった1586（天正14）年の洪水により、木曽川河道が現況のように西へ真っ直ぐ流れるようになったといわれる[21]。これを見た秀吉は、木曽川の北側に残った尾張の羽栗・中島・海西郡を美濃国にして、1594（文禄3）年から新木曽川の築堤を行った。現在、木曽川橋の左岸側の水中にある帯状の林が秀吉の築いた堤防の名残といわれる。その後1608年から翌年にかけて尾張藩を守る「御囲い堤」が、延長約48kmにわたって造られた。この堤防の完成後、西方の地域では水害の危険が増したため、輪中をより一層堅固にしたとされ、また一方岐阜の加納城主奥平信昌は、木曽川右岸堤を補強すべく尽力している。

　図5-3の中央部に示す「千町田面は、縄文時代後期頃の海岸砂堆の後背湿地であり、遺跡分布が極めて少ない所である。青木川には扇状地を5mほど掘り下げている所もあり、逆に一宮市千秋町では3mにも及ぶ自然堤防を作り上げており、水流の激しかったことを表している。尾張の拠点は国府から下津、さらに清洲へ移っている。そこで、清洲城が出来た1394年頃には、大きな流れは五条川には来なかったと思われる。769（神護景雲3）年の洪水による多量の砂が、境川と三の枝川との分岐点辺りに溜って砂州を作ったため、三宅川や日光川へ洪水の大半が流れるようになり、これらの沿線は水害に悩まされるようになった」[22]という記述もある。千町田面の中心部である稲沢市正明寺の図書館のボーリング結果を見ると、粘土質シルト・シルト質砂層の下層には、地下16mくらいに貝殻が混じり、正しく後背湿地を物語る。現在、千町田面は後背湿地でも新興住宅が出来始めてきた。このように、前述の小牧市藤島・舟津辺りをはじめ、国土地理院の土地条件図にもあるように、かつての湿地に宅地化された所が各地で目につくようになってきた。

　清州市付近にある朝日遺跡や一宮市の猫島遺跡の発掘調査によると、弥生時代中期に洪水が押し寄せ、遺跡が埋まった跡がある（前述「775巨大台風尾張国府・国分寺を襲う」展パンフレット）。沖積時代に入ってから弥生時代の前半まで洪水の少ない時代が続き、その後洪水があったようである。これは、沖積層上部に砂や

第5章　河道の変遷と問題

シルトが堆積していることから分かる。

　1897（明治30）年に、佐屋川沿い二子の上流側にある鵜多須（旧海部郡八開村内）において、堤防が切れた（鵜多須切れ）ので明治の改修に組み込まれ、その結果、佐屋川は廃川となった。旧八開村の西側は、この改修で木曽川の拡幅が行われたため、多くの土地が潰れ、現在でも木曽川の中に生活の跡が見受けられるといわれる。

　名古屋市のハザードマップによると、庄内川と新川に囲まれた付近は、4～5mの浸水予想がされている。なお、新川沿川には地表から砂層が厚いので、1787（天明7）年に築造される以前から河流があったはずである。

d）五条川の大曲

　図5-3の岩倉市から下津に流れる五条川に関し、「五条川は岩倉市で大曲がりしている。ここでは、西暦200～250年の頃に流れが真っ直ぐ庄内川へ向かって流れていた。これは五条川の自然堤防にある久地野北浦遺跡を調査して分かった。大曲がりが造られたのは条里制が敷かれた奈良時代ではないか」[23]とされる。五条川の大曲がりは、後述のように人工的に曲げられたようである。現地を見ても、大曲がりから西方は掘割り地形であるのに対して、南方は田圃と低地が続く地形である。

　また別に、図5-3、図5-7のように、岩倉市北方の井上から南西の北島方向、さらにそれと現五条川の間付近の大山寺方面にも旧河道があったといわれる。岩倉市北方から南西方向の旧河道は、県道一宮春日井線の跨線橋工事に先立ち平成18年度に発掘調査され確認された。川が行政界になることはよくあることであるが、このコースも一宮市との行政界になる。北名古屋市（旧西春町）北野の地下2.4～2.7m付近から、鉄塔工事の際に大木が出土したが、これは大きな流れがあったためであろうといわれる[24]。北野付近には、流レ・上流・中流・下流などの川を表す地名があり、かつ長さ約120m（70間）の橋があったといわれる（水場川排水機場建設誌）から、低地が近代まであったことになる。

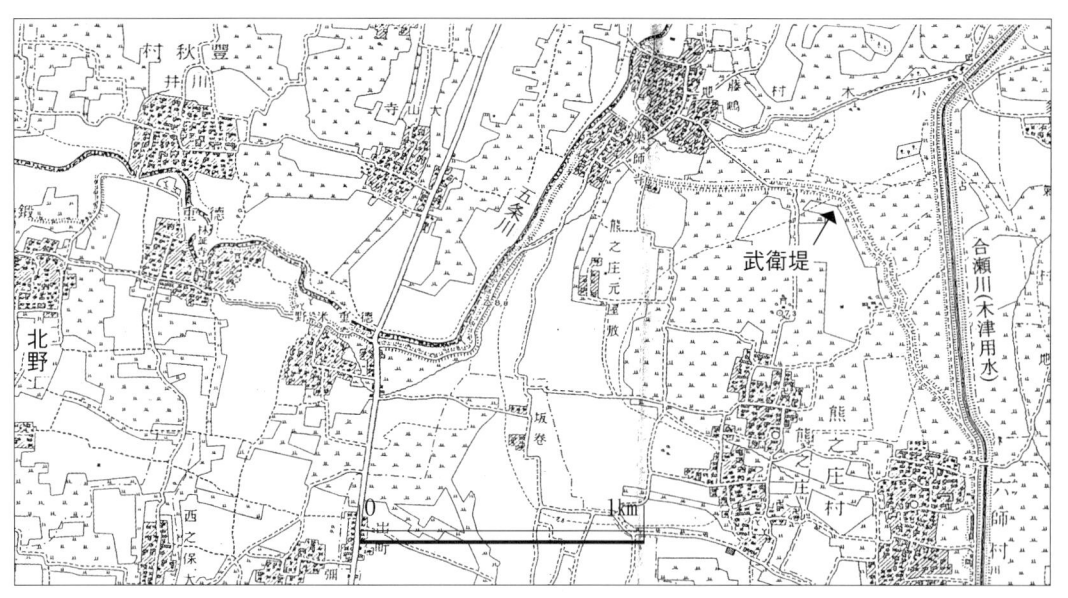

図5-7　武衛堤（国土地理院、1893《明治26》年発行、1/2万図、清州を縮小・加筆）

　一方、図5-3の中央右上に記した、地元で「武衛堤」という堤防は、尾張守護斯波義重（武衛）によって15世紀始めに農地と清洲城を守るため築かれたといわれる[25]。それ以前に、舟津・三ツ渕・西之島付近に集まった水は、藤島団地の場所から図5-8に図示された高田寺の方へ流れていたと思われる。熊之庄をはじめ旧師勝町一帯が重要な農地であったことと、義重が1394年最初に入った清洲城を守る目的もあったと思われる。それらしい堤防が古い地図（図5-7）に載っている。現在、それを証拠立てるように、北名古屋市（旧西春日井郡師勝町）熊之庄に「堤下」という地名がある。この武衛堤は、地元では「お囲い堤」とも呼ばれ、低地を横断する部分は小牧市と旧師勝町の境界にある。北名古屋市歴史民俗資料館の近世村絵図によれば、この堤防は「囲堤」と表され、合瀬川右岸に沿って下流の久地野まであったことが伺われる。武衛堤は、巾下・五条川の

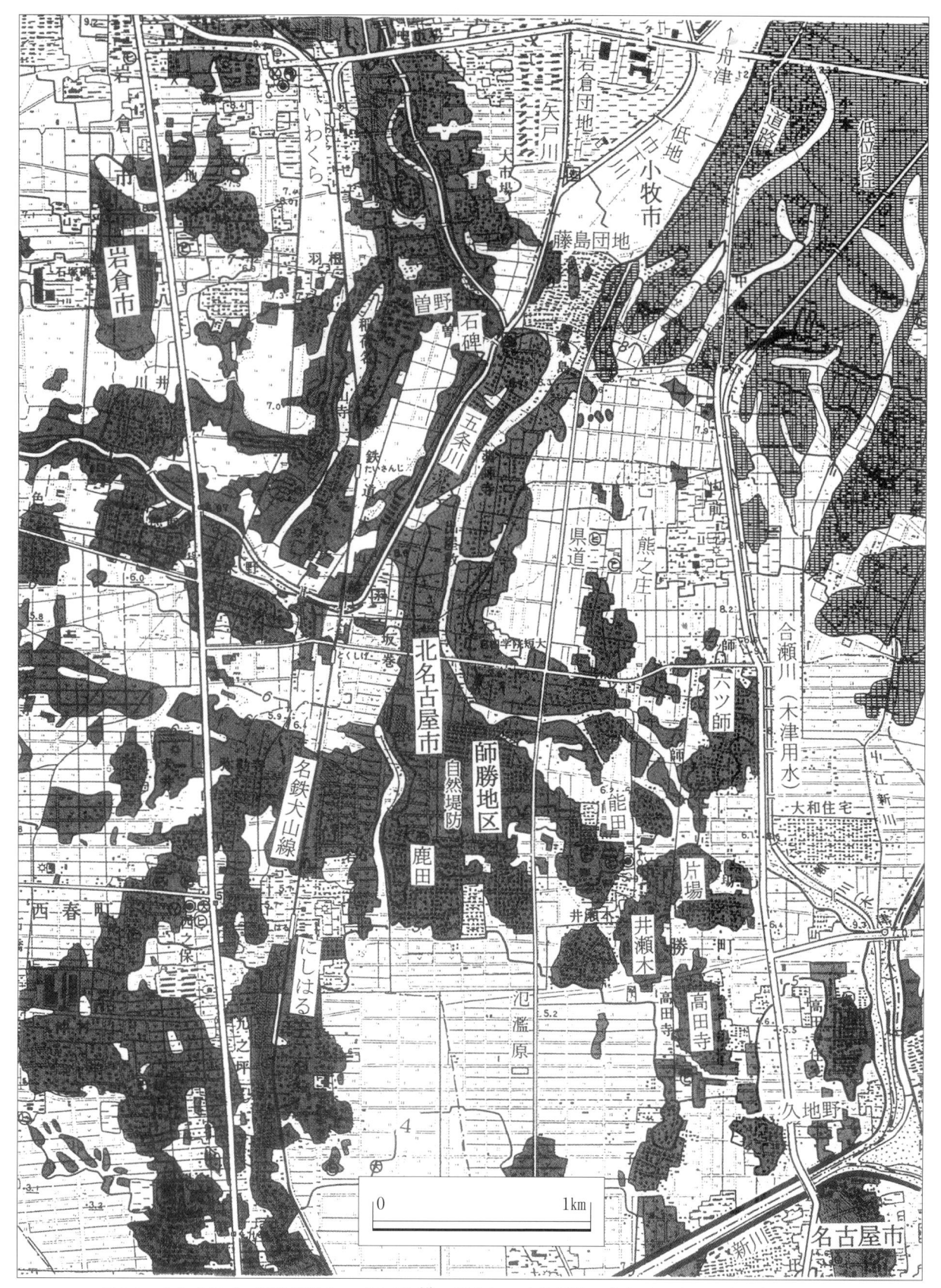

図 5-8　北名古屋市（旧師勝町）の旧河道[26]、黒塗りは自然堤防、岩倉城は「いわくら」駅の東側

注）岩倉市の文字の上にある旧河道は井上（いわくら駅の北方、図 5-3 参照）からの分流、大山寺の左の旧河道は鹿田の左側の旧河道につながる旧河道と見られる。

第5章　河道の変遷と問題

改修と、1932年の15ケ用水築造により不要になったと思われる。

図5-8は土地条件図から作られたものである。これによると、前述の大曲がりから南方の川筋と、小牧市の低地から現五条川と並行して北名古屋市へ流れる旧河道が浮き出ている。旧師勝町内の大字地名を見ても、熊之庄は川が曲がりくねった所、井瀬木は井堰、能田はヌタ（沼田）を表す地名と思われる。また各地区の小字名には、石原・江川、坂巻（水が逆巻く）・北流・南流・川ノ崎、砂場・永荒・砂場・河原・東ノ川・北ノ川・沼田など川に因む地名が現在の農地や宅地にある。以上の事柄は明瞭に旧河道があったことを表し、地元ではこの川の跡を大川と呼んでいた。なお、地名のことで追加すると、図5-8に久地野という所があるが、これは川の合流点を表す地名であるといわれる。具体的には合瀬川・中江川・大山川・地蔵川・堂前川・新川が合流する場所である。そのため、その南東の楠地区は浸水し易い土地柄である。

北名古屋市の上流にある藤島団地付近について、藤島の地名は淵島から名付けられた可能性がある。旧地名「字砂原」の住人である知人の清水博士に聞くと、1959年の航空写真ではこの地域は沼地であったそうである。この節の最初に述べたように藤島団地の上流は舟津・三ツ渕・西之島であり、一帯の東にある段丘沿いの低地には黒色のシルトが堆積し、旧河道を表す。この旧河道は木曽川の分流であろうとされている[27]。木曽川の分流は、舟津から矢戸川方向であり、前述のようにもっと上流では五条川の奈良子の方へ向かっていたようである。奈良子から一の枝川へも低地が続いている。矢戸川は小牧・岩倉市境であるから主要な旧河道だった可能性がある。以上のことから藤島団地（図5-8）は、有史以前の旧河道と思われる。そのため、この付近に貯留池と3箇所のポンプ場がある。

図5-8の右下方にある高田寺には、1868（明治元）年の入鹿池の決壊による溺死者の供養塔がある。このことは、木曽川の分流がこちらへ向かって流れていたことになり、後背湿地であることを表している。寺の東は字東の川、北東は字北の川という地名であった。このような段丘の麓を流れていた川は、最も古く縄文時代の旧河道と思われる。また、2000（平成12）年の東海豪雨の時、六ツ師付近の新興団地は2m近く、武衛堤と大山川の合流点東側も2m余り浸水し、集水地区であることを表している。五条川の名前は、幼川（五条川）・巾下・境・矢戸・昭和川などが合流する川として名付けられたといわれる。

五条川の安良から上流は掘割河川のようであり、下流は現五条川の西側に幅約50mの旧河道が沿っている。現河道を含めると70mほどになる。この広い旧河道は、安良から上流の一の枝川（昭和川）を受けていたからと思われる。そのために国道155号の橋は、低地の旧河道と五条川を同時に跨ぐ長さ約100mの避溢橋になっている。このような河道状態は、名神高速道路と交差する付近の岩倉市北方（井上）まで見受けられる。広い川幅の旧河道が、現在のような20m前後の狭い川幅になった理由は、木曽川堤が出来たことと参考文献[23]にあるが、「五条川が砂を堆積し、低い青木川の方へ水量が移っていった」ことが挙げられる。

井上では、前述のように南西へ流れる川と、現五条川から大山寺の旧河道方向へ分流していた。井上という地名は、現在でも南西へ分流する一之枌があり、井堰もしくは旧河道のあった場所を想像させる。岩倉市の岩倉駅と名神高速道路間の跨線橋工事に先立つ発掘調査が行われた結果、井上付近から南西へ延びる旧河道の沿線は表土の近くまで玉石が密に詰まっていて、旧河道の幅は約50mあるが、15世紀後半に埋め立てられたとされている。井上から下流の現河道は左右岸とも住宅地が続くが、自然堤防があることから現五条川筋にも流れがあったようである。現五条川筋の流れは、岩倉城付近から大山寺方向へ流れていたようである。この流れは、岩倉街道の整備や15世紀後半の岩倉城築城の際に現五条川の方へ付け替えられた説がある。また西春村史（昭和34年発行）によれば、1689（元禄2）年に大山寺の筋は川南（現五条川）へ瀬違いされたとされる。既にあった五条川を改修したと思われる。西春日井郡誌（2002年復刻版）によれば、1692（元禄5）年に大曲は現在のようになったとある。これらは、近世になってからの部分改修と思われる。

推定すると、五条川の主流は井上（石仏）付近の屈曲部から南西へ流れていた。それから現五条川方向の旧河道は岩倉駅東にあった岩倉城付近から、大山寺方向の旧河道を流れ、そのまま現五条川を越え名鉄犬山線の東にある旧河道へ向かっていたことが考えられる。そして、現五条川の大曲から下流は、下津近くの青木川合

流点近くまで人工的な掘割河川と考えられる。掘割りの延長は 2km 余りあり、古くから改修を繰り返した結果、現在の姿があるのではないかと思われる。参考文献[27]にあるように、条里制の痕跡があるということは、奈良時代には既に北名古屋市地域には川が流れていなかった可能性が強い。

また、図 5-7 の左端にあたる五条川左岸の 4～5 世紀の高塚古墳から、導水形埴輪が出土していることは、当時から既に何らかの導水工事が行われていたことを表す。導水形埴輪は北名古屋市歴史民俗資料館で拝観した。小牧市の矢戸川と舟津方向から藤島団地の所を流れていた川が、巾下川から五条川へ導かれ、その後、新しく掘られた現五条川に多くの河川が 1 本に統括されたと思われる。武衛堤は熊之庄や清洲城などを、一層強固に守るために造られたものということになる。また、五条川は青木川と合流してから、落合で JR 東海道線の方へ分流していたが、1669（寛文 9）年に現五条川の方へ一本化されたといわれる。

尾張部の沖積地の上流域は扇状地と言われ、犬山市から江南市にかけて、農地のすぐ下には玉石がある。その玉石は下流へ行くと次第に小さく、そして深くなる。木曽川では概ね名鉄本線のトラス橋付近で栗石から砂に変わっていた。地表近くの栗石は、そこから安良の方向にあると思われる。岩倉市の五条川と巾下川の合流点右岸に、「濃尾平野発祥の地」という石碑がある。丁度ここから北は少し高く砂地の多い景観であり、ここから南は田園地帯という境界に見える。扇状地から南は一宮氾濫平野と呼ばれ、それから下流にある田園地帯の沖積泥層は三角州低置層ともいわれ[28]、徐々に地表近くのシルト層が厚くなっていく。

扇状地に拡がる玉石や栗石は、洪積層が各務ヶ原の台地と犬山城南の台地と繋がっていて、真ん中の扶桑町・江南市付近が約 5 万年前の海面低下の開始と共に削られ、2 万 5 千年前頃からさらにウルム氷河期に向けて海面が上下しながら削られ、一時期、低位段丘を造ったが、大量の洪積台地の玉石が扇状に広がって散布されたものと思われる。

岩倉駅北側の跨線橋工事に先立つ発掘調査により、線路以東では地下約 7m から栗石層があることが分かった。

(4) 岐阜県内の旧河道
a) 沖積地の境川

旧木曽川本流といわれた境川の状況を述べる。境川は、各務原市の前渡(まえど)不動から北西へ流れていたもので、沖積地にあって 1586 年までの木曽川本流であり、尾張国と美濃国の境を流れていた川といわれる（境川の位置については後に掲載の図 5-11 参照）。

前渡の不動山の南側には、「前渡猿尾堤」（写真 5-11）がある。「猿尾」とは水制工であり、水の勢いを対岸へ押しやる施設である（別名「出し」ともいう）。各務原市の猿尾は江戸初期に造られ、その後の改修を加えて長さが 286m ある玉石積み、という説明版が現地にある。昔話として、「この締め切りは難工事であって、

写真 5-11 前渡猿尾堤、水流は左から右、右に墓石、南向きに撮影　　写真 5-12 境川下流（右岸堤より）、旧境川の中の住宅

先端付近に 3 人の娘の人柱の石仏があったが、いつの間にか無くなってしまい、現在はその付け根付近に改めて祀られている」といわれ、今では簡単な墓がある。この背面にある前渡不動の場所には、1221 年の承久の乱が行われたという説明版が現地にある。この場所は、古来からの草井の渡しといわれた。

　この写真の右側は火葬場跡のようであり、墓石を見ると慶長 6 (1601) 年という銘が見られる。ということは、墓石の建てられる前からこの猿尾があった可能性もある。ここが丁度、境川（旧木曽川）を 1586 年以降に締め切った場所になるようである。

　旧河道と思われる帯状の水田の巾は、最初は現木曽川と重なって狭く、西方へ行くに従い広くなっている。次に旧厚見郡長森郷（現岐阜市）の手力雄神社を見ると、そこは現在と昔の境川右岸堤である。その西側に「切通」という地名があるが、これはその北側一帯の後背湿地の水を排水するために「切り通し」したことによるといわれる。長良川近くになると川幅が 500 m ほどの所もある。途中には旧河道内に住宅がある（写真 5-12）。この境川沿線でも、西方は濃尾傾動運動による沈下地帯なので地盤が弱く、震災や水害の虞が大きい。

　「鎌倉街道は境川と長良川との合流点下流の墨俣地区上宿という所で渡河していた。また、木曽桧をはじめとする用材は、当時の木曽本流であるこの境川を使って流され、1442（嘉吉 2）年の東福寺・1482（文明 14）年の銀閣寺用材などは、その先の琵琶湖経由で京都へ運ばれた」[29] という記録もある。墨俣は、境川・犀川・五六川・長良川・荒田川などの合流点で、名古屋から京都へ通ずる美濃街道も渡っていた。合流点の下流で渡れば合理的である。

　復元された「墨俣城」へ行ってみると、1566（永禄 9）年築城時の絵図には、既に 1586 年以後の木曽川が描かれているので、後の時代に描かれたと思われる。主な築城材を、主流の境川（これも尾張川と呼ばれた）を用いて、当時信長の家来だった秀吉が一晩のうちに流下させたので、この城を別名「一夜城」という。ここへ信長が城をどうしても作りたかった理由は、東西のネックになる拠点であったからといわれ、その理由が分かる地形である。

　835（承和 2）年、墨俣付近に 4 艘の渡船が配置された。1181（治承 5）年、墨俣の戦いという源平合戦が行われた。右岸に平氏、左岸に源氏が押し寄せたが、この時は伊勢の船を集めた平氏が勝った[30]。渡河部が重要拠点であったと思われる。

b）広野河事件

　旧木曽川主流の境川は、前述のように美濃国と尾張国の境であった。この川の古名は、「鵜沼川」とか「広野河」とも呼ばれた。地元の古老に聞くと、昭和初期まで前渡不動の南では水が渦巻いていたが、うっそうとした林の中が沼になっていたそうである。なお、前渡町の東隣まで鵜沼地区であるから鵜沼川と呼ばれても不思議ではない。

　ここで、境川が美濃側を流れていた実証として、広野川事件について記述する。「西暦 769（神護景雲 3）年の洪水で、木曽川が尾張の国を流れるようになり、その後も 775（宝亀 6）年・837（承和 4）年・865（貞観 7）年と、たびたび洪水が起きたので、866（貞観 8）年に旧河道の境川へ流れを戻すため、尾張国司が太政官の許可の下、復旧工事に入った。完了間際、各務原郡司が兵を出して、工事関係者を多数殺傷したといわれる事件である[31]」。この頃からも、尾張へ木曽川が分流していたらしい。

c）運ばれた謎の石

　尾張平野に点在する下記の「謎の石」は、主に揖斐川上流の砂岩（ヒョーゴ石）が舟で運ばれたものと思われる[32]。また、名古屋城の石坦にも、南濃町河戸石（コーズ）や昔の長良川中流の岐阜市尻毛（しっけ）などからも砂岩が運ばれた歴史がある。河戸石は中身が青く見える砂岩である。謎の石というのは、参考文献[32]にあるように、主に神社に持ち運ばれた 5 トン前後までの石である。運搬時期は、古墳時代までの石を御神体として崇めていた頃と思われる。仏教が伝来し、寺が出来はじめると、それまで神の国であった日本は、8 世紀頃から石の代わりに神社を建てるようになったと考えている。だから、そのころから石は見捨てられ、現在では雑然として一部が残っている。石の産地は、調査すると木曽川・長良川・根尾川でもない。揖斐川の上流であり、山地の渓谷

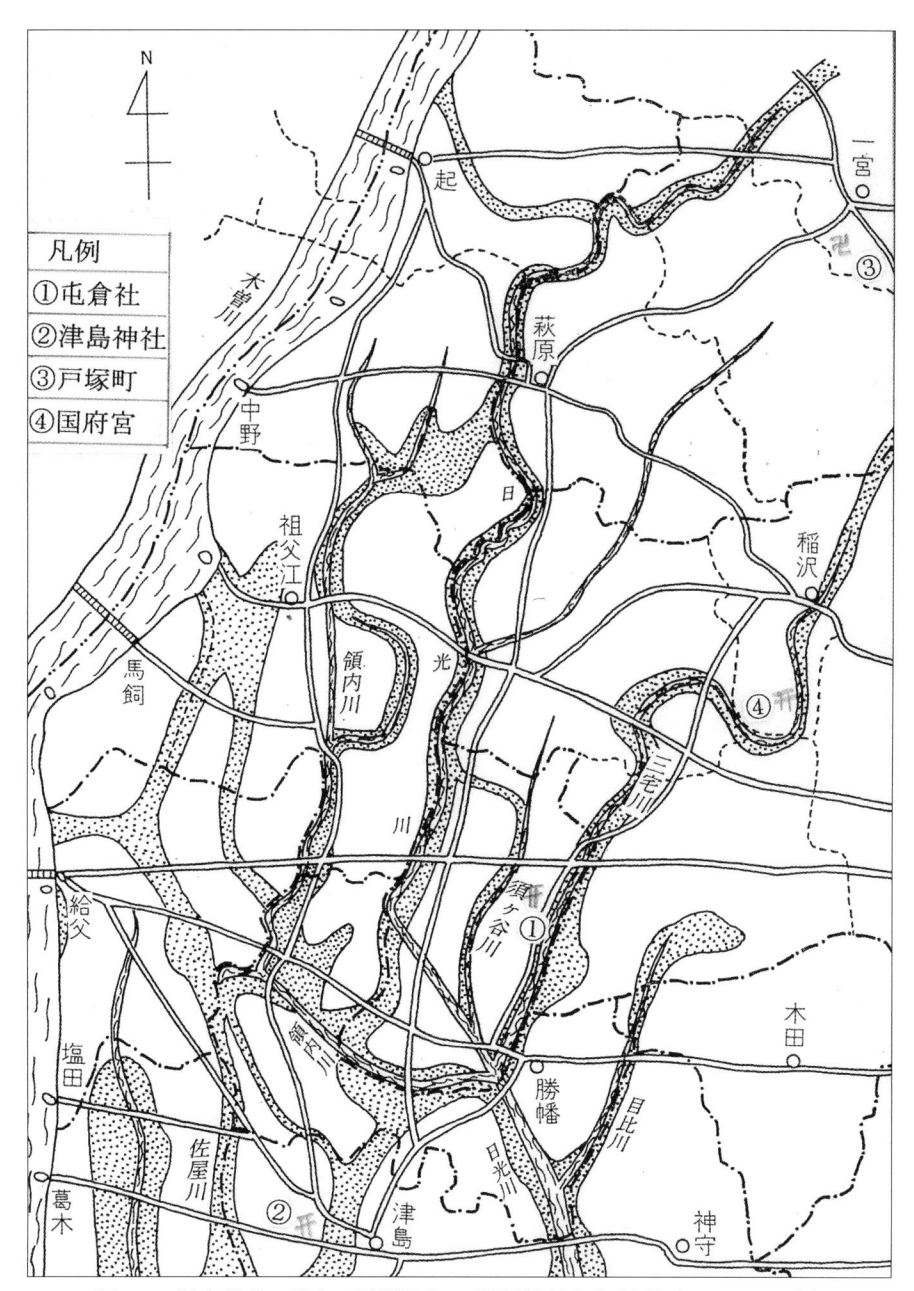

図 5-9　旧木曽川に関する尾張地方の乱流状況図（平和町史、p.735 より）

から平野部へ出た所から船に乗せ、図 5-9, 図 5-10 のような乱流を利用して運び込んだと思われる。石のような重量物は、上流から下流方向へ運んだ方が楽である。したがって図 5-10 にある、揖斐川沿いの太田村出小屋三ノ手辺り産出のコーズ石は、津島以北へ運搬することは困難であると思われる。1970 年頃まで、造園業者は揖斐川の山地から平野部へ出た所で、ヒョーゴ石をトラックで運んだと聞いている。特にヒョーゴ石と呼ばれる石は、明るい灰色なので好んで造園に使われたようである。

次に尾張平野にある「謎の石」の数々から抜粋してみる。

① 稲沢市平和町の現三宅川付近にある屯倉社の 30 個ほどの石は、5 t 位までの灰色の砂岩であり、ここの地名は下三宅字舟着といった。この地名から、近くを流れる三宅川の旧河道が、この近くを流れていた可能性が強い。

② 津島市にある津島神社南に三ツ石がある。大きいもので 1 t ほどの重量と推定されるが、これも砂岩である。

③ 一宮市戸塚町には、尾張名所絵図に載る「剣研ぎ石」がある。その絵図を見ると、この石群は環状列石

第 5 章　河道の変遷と問題

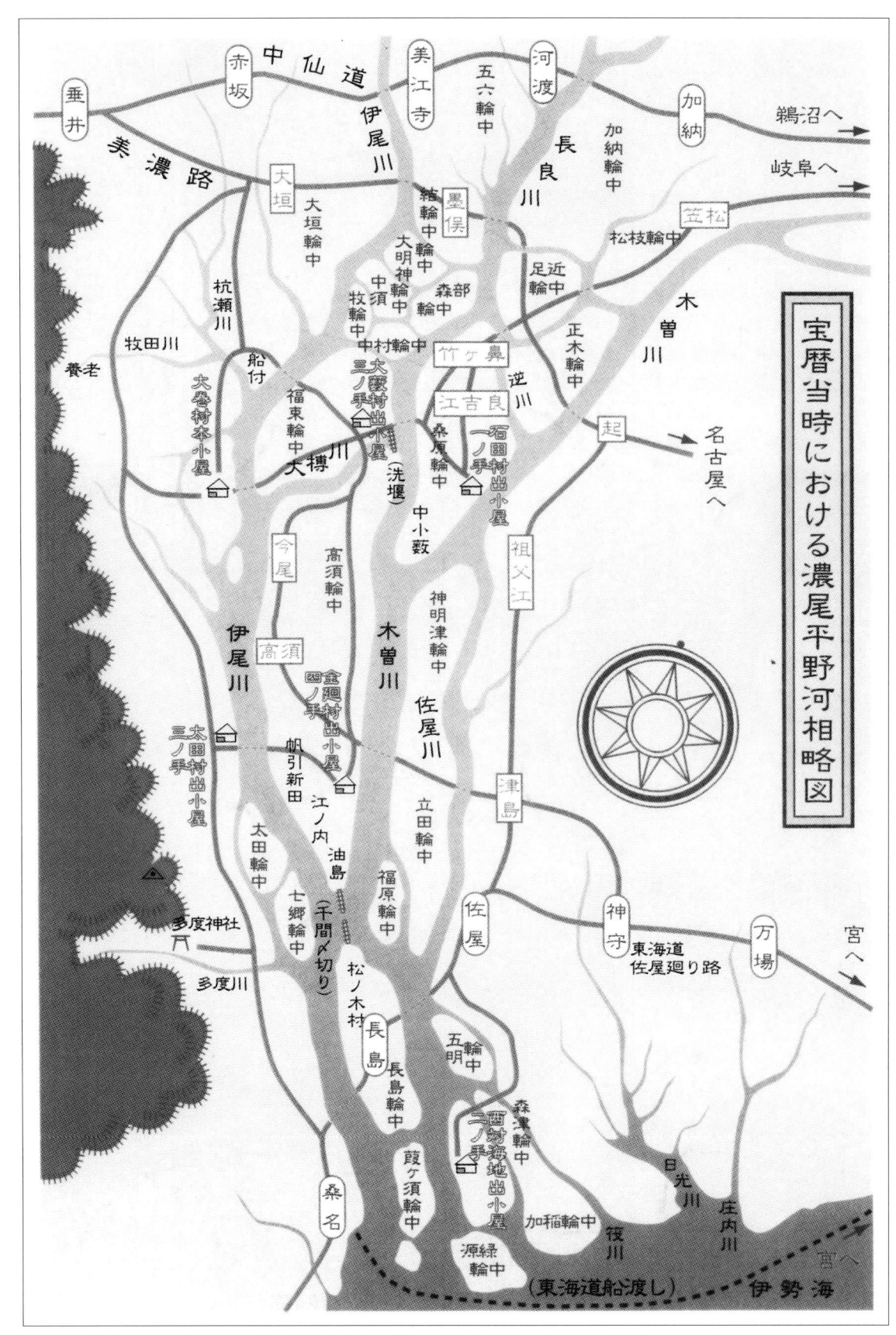

図 5-10　岐阜県側乱流図　（輪之内町宝暦治水サミット使用図、1998.）

に似ている。七ツ石ともいわれるが、実際には18個ある。同じ地区の天福寺には、メンヒル石と呼ばれる高さ1.7mほどの一本の立石がある。

④ 稲沢市の国府宮には、5個の割石が円形に並んでいる。これは岡山県倉敷市の弥生末期の楯築遺跡に似ている。国府宮の参道の石橋は、三宅川の旧河道になる。

以上の尾張平野の石の数々は、全国の巨石信仰と比較すると、古代からの信仰に関わるものと見られる。これらの石は全て灰色の硬い砂岩である。国府宮の割石を除いて全て川石といわれる、流れで滑らかに磨り減った石である。このような石は、各河川の上流を調べた結果、揖斐川の山間部から平野部へ出たところで見つかった。揖斐川には明治時代から舟運が横山ダムまであったので、他の急流河川と異なり舟で乱流を利用して尾張平野へ運ばれたと考えられる。

d）岐阜県内のその他の事項

根尾川の旧河道は、図5-11の点線のように山口から南へ、時代とともに船来山（桑山）の北側と南からの3筋で流れていた。北側の川は原始時代の川と思われ、現在でも根尾川という名称の細流が痕跡を残すが、尻毛に向かって流れていた。その後と思われるが、犀川（五六川）も根尾川の主流として流れていたが、その後に糸貫川が主流となっていた。糸貫川は船来山南麓を流れ、怒河・石原などを経て尻毛方向と穂積方向へ流れていた。糸貫川の河口の大きさは、JR東海道線の長良川鉄橋右岸上流に見える。1530（享禄3）年6月3日の

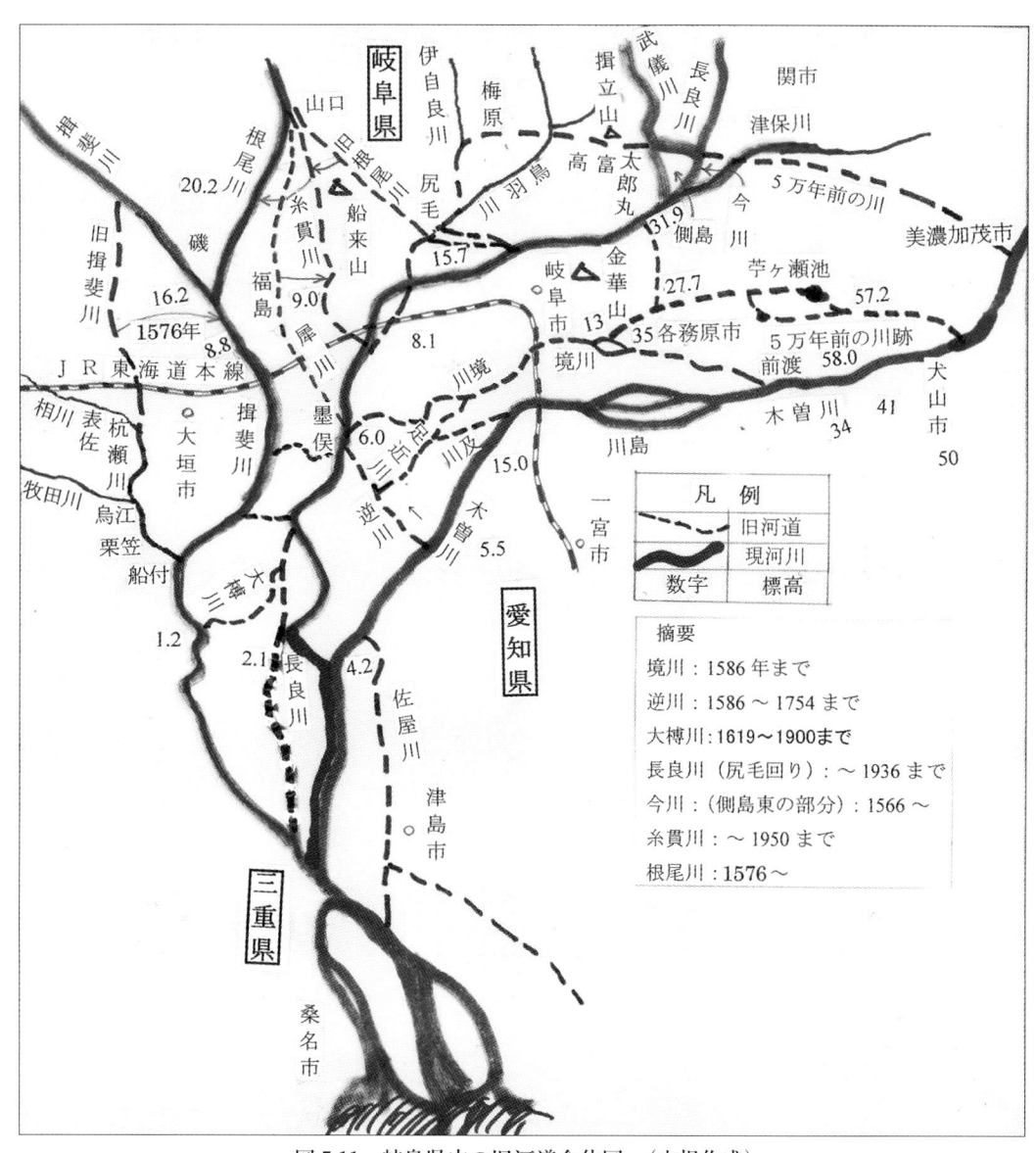

図5-11　岐阜県内の旧河道全体図　（中根作成）

第5章　河道の変遷と問題

洪水により、根尾川は藪村を押し破り藪川筋つまりほぼ現在の川筋になったといわれる。そのため糸貫川は細い流れとなったが、根尾川と同時に昭和25年まで流れていた[33]。船来山という山名は、熱田海進の時代に舟がこの辺りまで来ていたことを表す名称と思われる。

揖斐川の方は従来、杭瀬川の筋を流れていたが、最終的に1576年に現在のような河道になったといわれる[34]。現地踏査結果によれば、その後に安八郡神戸町にあった呂久の渡し付近のような屈曲部は付け替えられている。

足近川(あじかがわ)は、境川から分流して柳津～竹鼻～川口から長良川へ合流していた。及川は、一宮市里小牧対岸付近から足近川筋へ合流する流れであって、1586年の木曽川河道変更以前からの木曽川派川とされる。

木曽三川は元々、木曽川が一番高く、続いて長良川、揖斐川は最も低い。そのため逆川は1586（天正14）年の洪水で、中島郡駒塚村と加賀野井村との間より分派して西北へ流れ、竹ヶ鼻村辺で足近川の河道と重なり、長良川へ入るようになったが、1754（宝暦4）年の治水工事で締め切られた。このように従来の流れに対して、逆に流れたので逆川といわれた。

大榑川(おぐれがわ)は、長良川が溢れたので、1619（元和5）年に旧川敷を利用して開削され、宝暦治水で越流堰いわゆる洗い堰となり、1900（明治33）年の改修で締め切られた。

長良川の岐阜市長良橋から尻毛と正木へ向かっていた旧河道については、尻毛へ向かっていた川が古来の川であり、北側の正木へ向かっていた川は1611年の洪水で出来たといわれる[35]。そのような旧河道は、1936（昭和14）年までに現河道のようにほぼ一本化された。長良川流域の長良橋北方の黒野付近には、後の第6章で述べるように、地下50mほどまで砂礫・砂・シルトなど互層になって堆積している。JR岐阜駅の辺りは、平成21年駅前の整備工事中で、地表近くまで栗石を含む砂礫層が見られる。金華山上流の清水山と大蔵山の地峡部は、熱田層の堆積期のころ、第6章で後述するように各務原市方向へ分流していたと考えられる。

黒田川は、1586年以前からあった河道と思われるが、「御囲い堤」（1609年）により締切られ、廃川になったことになる。廃川後の農業用水は宮田用水などに引継がれている。

舟運の関係では、境川の他でも、宝暦治水（1755年完成）までの木曽三川の乱流した川筋を利用して、木曽桧や美濃和紙・三河木綿などの物資は養老町船附(ふなつき)とか垂井町表佐(おさ)まで運ばれ、そこから陸路京都方面へ向かうルートもあった（図5-11）。

秀吉は、1589（天正17）年、京都の方広寺を建立するため、材木を木曽から集めた。その運搬コースは、犬山から表佐(おさ)まで木曽三川の乱流を利用して運ばれた。表佐から陸路を琵琶湖の朝妻湊まで運び、そこからは琵琶湖の水運で大津まで行き、京都まで持ち込んだとされる。伏見城築城においても、表佐湊は木曽材の集積地になっていたといわれる[36]。

伊勢遷宮の材木や木綿その他の物資は、桑名を中継して運ばれた。京都方面へは、牧田川を遡り、濃州三湊つまり船附・栗笠・烏江のいずれかで陸揚げされ、9里半街道を経て琵琶湖を径由して運ばれた[37]。

木曽川や長良川・揖斐川に囲まれた下流域の沖積地は、古来より輪中生活を代表とする水との戦いであった。

ここでは木曽三川に関する記事を主に扱ったが、庄内川の旧河道については、春日井市の平地部で幾多の変遷があった。下流部の主な変遷は、名古屋市中川区に架かる大正橋下流にあたる鎌須賀から西進し、小切戸川を経て蟹江川沿いに流れていたことになっている[38]。

(5) 木曽川関係のまとめ

愛知県内の木曽川関係の旧河道について、基本的な枝川の分布状況は諸史料に載っているが、改めて具体的に現地と共に調べると、細部については次に述べるような新発見もあった。

江戸初期に御囲堤の出来る前には木曽川が乱流し、一般的に東から一の枝川が青木川、二の枝川が般若川＝三宅川、三の枝川が浅井川＝日光川といわれることが多い。しかし、現地を改めて調査してみると、青木川の東に巾下用水（昭和川）があり、これが一番目の旧河道であることが分かった。したがって、木曽川の枝川は一の枝川が昭和川、二の枝川が青木川、三の枝川が三宅川、四の枝川が日光川であり、さらに五の枝川の黒田

川＝小信川などがあったと思われる。これらの下流部では、複雑な歴史が混在している。

これらの枝川の多くは、5.2(2) 扇状地の地質的変遷や、5.2(3) c) 愛知県内の木曽川に関するその他の事項などの項目で考察したように、境川と同じような沖積時代のはじめ頃からあったと思われる。ただし、広野河事件の内容からすると、それまでの主流は境川であったが、奈良時代から愛知県側の枝川への流量が増したことが分かる。

飛行機から見て気付いたことだが、日光川は下流部の川幅が50mくらいにもかかわらず、河口の幅は約1kmと極端に広いことは、かつて木曽川の大部分の水量が流れていた証と思われる。

その他、一の枝川と二の枝川の下流となる五条川は、特に岩倉市付近の大曲に関する付け替え時期についての文献は少ないが、奈良時代の条里制が敷かれる以前、つまり導水形埴輪が出土していることから、古墳時代に人工的な付け替えが行われたことが推定される。

岐阜県内についても概略の旧河道を知ることが出来たが、いずれにしても余りに古いことなので、文献が少なく詳しいことが分からない部分が多い。

本研究に関しては、堤防などの歴史的構造物にも着眼し、旧河道の現地調査を重視して進めてきた[39]。その結果、上記の他に次のような項目が確認できた。

① 濃尾平野の数多くの旧河道の存在が確認できた。乱流を利用した重量物の運搬経路も分かった。
② 昔の堤防法面は急勾配であり、砂質土で構築されていることが確認できた。
③ 踏査によって、多くの場合に旧河道は残っているが、中には埋立てられ、形跡不明の旧河道もあった。旧河道は地質や地名などから推定できる。
④ 旧河道や沼地・後背湿地などは、元来、宅地などに利用せずに田圃や蓮田などとしてのみ活用され、開発が見送られてきた。しかし近年、開発が進められ、洪水・地震・異常潮位などによる災害時には甚大な被害が予想される。
⑤ 後背湿地には、舟津から藤島に至る沖積低地と、名鉄本線沿線の稲沢市南部の「千町田面」と呼ばれる区域などがある。これらの後背湿地にも住宅が多く建てられ始めた。その他、沖積層は概ね岩倉市南部から西方の名鉄木曽川橋付近を結んだラインから南に向けて、表土以下に砂が堆積している。五条川と新川合流点付近から西方のラインより南部が三角州地帯といわれ、徐々にシルト層が厚くなっていく。これらのような場所が水害や震災の危険区域といえる。
⑥ 海抜ゼロメートル地帯が全国一の面積であるので、災害の起こりやすい地域であることを改めて認識しておく必要があると思われる。
⑦ 尾張部や美濃南部では、西方に向かうほど濃尾傾動運動による沈下量が大きく、地盤も軟弱なので震災や水害の虞が大きい。
⑧ 河口に近いほど沖積層が厚いので、震災や高潮の被害に遭いやすい。

震災や水害対策の面から考えると、沖積低地にある湿地がここで触れた以外にも多くあり、これについては既存の「土地条件図」、「ハザードマップ」、「地盤調査結果」などの資料と共に郷土史家の意見を加え、過去の歴史を参考にすることが必要と思われる。

5.3　矢作川旧河道の調査

（1）概要

この節については、参考文献[3]に基づいている。矢作川流域の場合、巴川合流点から上流が主に山間部を流れる上流であり、その合流点から下流がいきなり沖積地となる。中流域が無いようであるから、扇状地らしい地形も見当たらない。沖積地に入ると、図5-12に示すように旧河道が何本もある。図の中に、12～14万年前とされる熱田海進の想定海岸線を示した。約6千年前の縄文海進は、美矢井橋付近までであったとされている[40]。

第5章　河道の変遷と問題

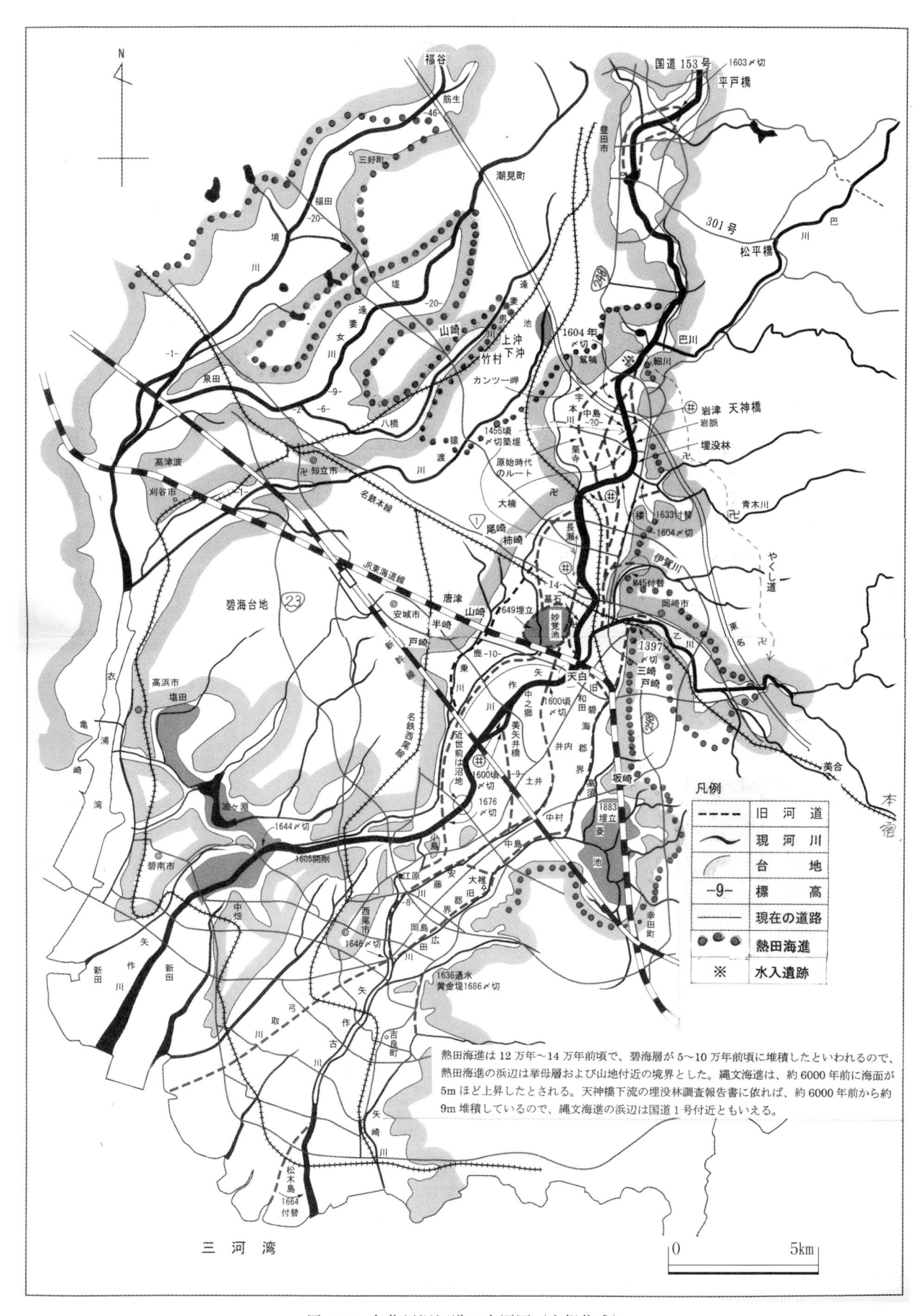

図5-12　矢作川旧河道の変遷図（中根作成）

矢作川流域はほぼ全域が花崗岩地帯であるため、沖積地の旧河道および現河道内には、矢作川独特の河原砂が堆積した。堤防は各地域で築かれてきたが、最終的に連続した堤防は西暦1600年頃までに完成したとされる。堤防築造後、河道内に河原砂が堆積し、江戸中期から天井川となってしばしば破堤災害がくり返されるようになった。ところが、西暦1953（昭和28）年頃から砂や砂利採取により河床低下が始まった。反面、上流には多くのダムが出来て砂や砂利の補給が激減したため、巴川合流点付近では西暦1953年頃から、現在までの期間に約8m河床低下した（写真5-13）。これは筆者が、西暦1953年頃、水中にあった巴川合流点付近の用水取り入れ口と、現在の平水位との高低差をハンドレベルで測定した結果によっている。なお、写真5-13の郡界橋は、巴川が矢作川と合流する付近の旧橋である。

写真5-13　河床低下による旧郡界橋のの橋脚
　　　　　1935年架設、1997年撤去

　河床低下のため、矢作川河床遺跡といって、河床から井戸跡が8箇所、中世の墓が10基ほど、古代から中世に亘るおびただしい数の土器類などが見つかった。土器には人面を描いたもの、文字を書いたものなどがある。埋没林（写真5-14）は筆者が平成11年に第一発見者となり、結局、豊田市と岡崎市の共同出資で平成17年から調査に入った。その結果、約3千年前の林であることが分かった。他県にもある埋没林の樹種には杉が断然多いそうであるが、ここはコナラ、桑、栗、椋などの雑木であった。その後、河道内を踏査すると、まだ他にも埋没林が

写真5-14　天神橋下流の約3千年前の埋没林（1999年撮影）

あることが分かった。東名高速道路の橋の下に10本ほど、渡橋と美矢井橋の中間に4本ほどある。天神橋の上流右岸に未調査の井戸跡、豊田東インターチエンジの正面水中には、楕円形に穴の開いた柱が水中に見える。
　つまり、これらの古代の遺物が露出するということは、河床低下により川砂は枯渇したことを表す。河原が一面の白い砂から、時代と共に変化して河原に所々林が出来、黒い古代のシルトが現れて来た。また遺物の出るところは川ではなかったことを示す。遺物の殆んどの物は、流れてきたのではなく黒い土の中から出てくる物であり、磨り減っていない。
　矢作川は、その名の如く弓矢を作る矢竹が流域に沢山生えている。その他の真竹も弾力があるとされ、海で使う海苔そだや、壁の中へ埋め込むコマイ・樽のたが・屋根裏材などが大量に川に流して使われた。下流からの舟運は、豊田市扶桑町つまり国道153号平戸橋下流まで、巴川の方は松平地区九久平つまり国道301号松平橋から約1km下流までであった。

第 5 章　河道の変遷と問題

（2）河道の変遷
a）熱田海進の関係

　図 5-12 の中に熱田海進の想定水際線を入れたが、その方法は、愛知県防災会議地震部会、『愛知県の地質・地盤』1980 年、付図『愛知県における沖積層の分布及び、液状化危険予測図（西三河版）』によるものであり、洪積層の挙母層と碧海層の境界線を目安とした。この場合、河川流入部は地元の伝説や地名、さらにその後の堆積などを考慮して適宜沖積地の奥まで考えた。概ね旧碧海郡と西加茂郡の境界方向である。旧碧海郡は、現在の安城・知立・刈谷・碧南・高浜・岡崎市六ツ美地区・豊田市南部の各市を含む一帯であり、西加茂郡は旧豊田市域一帯である。旧碧海郡は熱田海であったといわれる。

　北西の方から述べる。三好町の、莇生（あざぶ）は、水深が浅いという古代の海に因んだ地名の可能性がある。豊田市汐見町とその小字には塩取という地名があり、浜辺との関係を伺わせる。逢妻男川の竹村町には字沖・山崎・隅ヶ崎という所があったが、今でも上沖・下沖・山崎の地名が集まっている。かつ碧海層の名残が上記の地質関係資料に示されている。鴛鴨町（おしかも）には、台地の先端がカンツー岬と呼ばれる所がある。また、東名高速道路と碧海台地の交点付近に、観潮山栄昌寺という寺があったが、それが現在の御所山誓願寺付近であるといわれる。碧海台地の知立市街地では、標高約 13m の鉄塔基礎工事により地下約 16m から海貝の殻が出土したそうである。これらは熱田海進を、地質と地名、言い伝え、遺跡などから証明しているものと思われる（熱田海進は、図 5-1、図 5-2 参照）。

　図 5-12 の南西にあたる境川の下流部に、三河湾の一部である衣浦湾がある。この名前は、1957（昭和 32）年まで衣ヶ浦と呼ばれていた。この浦は、熱田海進の浜辺が、豊田市の旧名挙母（衣）即ち衣ヶ浦と呼ばれていたのだが、順次浜辺が引いていって衣ヶ浦が旧挙母からはるか遠い所となったことによるといわれる。

　そして、豊田市渡刈町と岡崎市細川町には、汐差大明神、汐止め弁天といわれるものがある。渡刈町の方は、平安時代の式内社である糟目春日神社の中にあって、明治期の初めまで渡刈町字大明神にあった。細川町の方は、中世からの細川元総理の先祖の細川頼之菩提寺に汐止め弁天がある（写真 5-15）。細川山蓮性院常久寺という寺内で、常久とは頼之の戒名である。要するに、標高約 25m の両岸にあるこの遺跡付近まで熱田海進があったと考える。図 5-12 で、熱田海進の水際線が洪積台地のラインと重なる付近では、海進の表示を省略した。

　標高が 20m 〜 10m 付近にも海を表す地名がある。これは、熱田海が徐々に低下していく段階があったためと思われる。数万年かかって海面が低下するときに、海面は上下しながら下がっていき、途中の段階があったためと思われる。矢作川左岸には、岡崎市旧磯部地区（現上里町の東側、標高約 20m）、鴨田町北浦（標高約 20m）、久後崎町（標高約 15m）、岡崎市三崎町（標高約 14m）、戸崎町（標高約 13.5m）、針崎町（標高約 12m）、幸田町坂崎（標高約 10 m）、などが海を想像させる地名である。

　図 5-13 に岡崎市付近の拡大図を表した。現在の矢作川と青木川の合流点の下流側に「磯部」という所があった。埋め立て前の地盤高は、約 20m であった。「磯部」も熱田海進と関わる地名と思われる。その後、磯部の集落は 1604（慶長 9）年に青木川が付け替えられ、洪水の危険を避けるために台地上の東蔵前に移転した。今でもここへ移転した人達は、磯部組というグループを成している。

写真 5-15　汐止弁天（厨子に細川頼之念持仏とある）

b）縄文海進の関係

　縄文海進は約 6 千年前、海面が 3～5 m ほど上がった現象といわれる。矢作川沿川では、前述のように美矢井橋や新幹線付近といわれる。安城市には昔の地名で七崎あったといわれるが、現在は柿碕・尾崎・山崎・半崎・根崎・戸崎（突崎）などの地名が残っている。また現在、大岡町に唐津というバス停がある。これは地元の郷土史家に聞くと、唐の船が着いた所といわれる。そこは標高約 10m で、田園地帯が北西の台地へ入り込んだ地形であり、現在そこに上条弁財天があり、湧水の出ている場所である。そして、その南の上条遺跡から新羅土器が出土している[41]。丁度、辻褄が合う記事である。

　一方、左岸の岡崎市宮地町字北浦には比蘇天神社がある。図5-13 の JR 東海道線の曲点西にある和田という文字の西付近である。ここの説明板によると、上古のこの辺りの浜を比蘇といい、ここに塩田の神を祀った。祭神は高御産巣日ノ神他とある。この祭神は、航海の時に参考となる高い山と山を結んだ方向に詳しい神と聞いている。説明板の内容と地名が字北浦ということは、縄文海進の頃を表していると思われる。この矢作川左岸の旧碧海郡六ツ美地区には、浦という字の付く小字名が合計 18 箇所ある。このことは、浜辺がこの付近まであったことを語っていると思われる。標高は 9m 前後であるが、六ツ美中学校と六ツ美中部小学校での地質調査結果によれば、縄文海進の時に堆積したアサリとされる海生貝を含む層が地下 12m 付近にある[42]。以後、矢作川の運んだ土砂がその上部に堆積したことになる。旧六ツ美地区とは、図5-13 の上和田・中之郷・井内・中村・土井・中島を含む一帯である。中世は占部（浦部）地区と呼ばれた地域である。

　これらのような縄文海進が及んだ付近は、10 箇所ほどのボーリングデータを見た結果、シルトや砂などが厚く堆積した沖積低地で、構造物の支持層は 10m 以上の深い位置になる。1945（昭和 20）年 1 月の三河地震（M7.1）では、西尾市南部の家屋倒壊率は 67％に達し、各地で渦巻き状の噴砂現象が見られていることから、砂の液状化現象が加わっていると思われる。

c）河道の変遷

　北部の豊田市街地は、中世まで東西の川に分かれて流れていたが、その後中条氏によって改修され、最終的に 1603 年に一本化された。その下流の東名高速道路が通る右岸の鴛鴨町字本川付近は、ボーリング調査の結果、縄文時代の旧河道があったが、その後米作りのためと思われるが、弥生時代から 1764（宝暦 14）年までの住居跡が第二東名の工事に先立ち発掘された。その下流の粟寺も 1699（元禄 12）年に、あるいは六ツ美地区も台地の上へ移住した。東隣の中島は、弥生時代以降、矢作川が東西に分かれて島になっていた[注2]が、1604 年に締め切りが行われた。青木川の付け替えは、最終的に 1633（寛永 10）年に完了した。右岸の国道 1 号のすぐ上流から妙覚池を通る旧河道は、1600 年頃締め切られ池は 1649 年ころ埋立てられたといわれる。

　巴川合流点から下流では、矢作川の堤防工事が始められたのは、岡崎城築城に合わせ 1455（康正元）年ころであった。しかしこの時の堤防は高さが低く貧弱なものであった。実際に連続して固定されたのは、秀吉が岡崎城主の田中吉政に命じて 1594～1600 年のころに造らせたものとされている。以後、河川内の堆砂による水害が増し、各地で台地上へ移住した。

　乙川は久後崎から南進し、占部川沿いに流れていた。乙川の締め切りは久後崎で 1397（応永 4）年に行われた（『岡崎の歴史物語』）。そのため六名で浸水し易い。1882（明治 15）年にこの旧河道を洪水が流れ、死者 43 名という災害があった。この関係の石碑が久後崎の乙川左岸にある。

　河道の変遷は、時代と共に経路が異なる。概ね台地の裾を流れていた河道は最も古いと考えられる。その理由は次のとおりである。

① 前述の埋没林調査報告書によれば、ボーリング調査結果により、天神橋西方の碧海台地の裾を流れていた字本川を通る旧河道が縄文時代の川とされた。
② 岡崎市立広幡小学校でのボーリング資料によれば、左岸の台地に近い国道 1 号のやや北方にあるこの校庭の 2 箇所で、矢作川と同様な川砂が現れた[43]。
③ 天白から JR 東海道線沿い・井内・中村・中島付近に旧碧海郡と額田郡の郡界があるが、これはここを

第 5 章　河道の変遷と問題

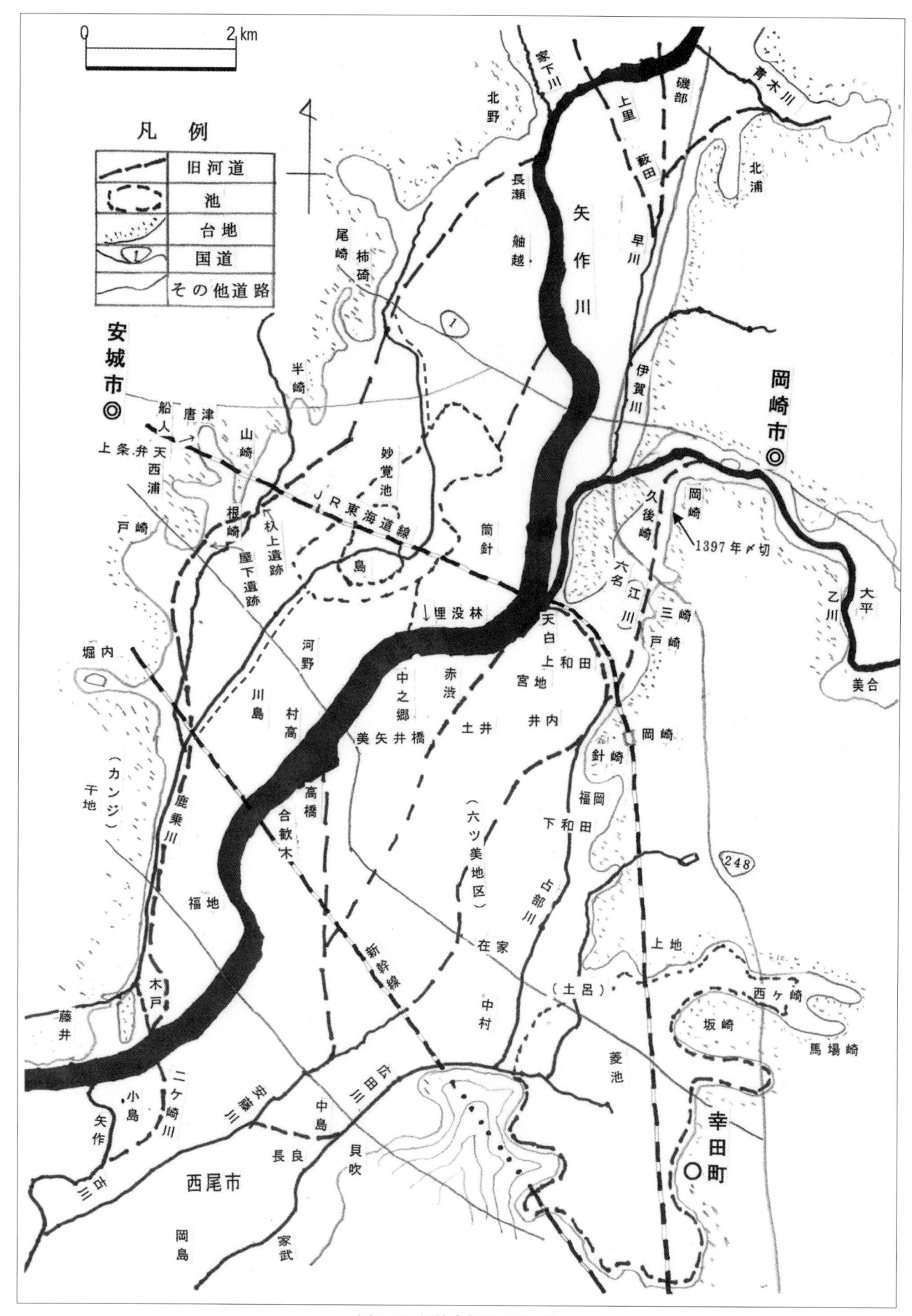

図 5-13　岡崎市付近の拡大図

古代の矢作川が流れていたからである[44]。そして、菱池は矢作川の土砂が届かなかったので後背湿地となった。

天白から旧郡界を流れていた矢作川は、年代不明の昔に締め切られ、1603（慶長8）年にその場所から占部用水が通水された。しかし、ここで1607（慶長12）年に「天白切れ」という破堤があった。現在、破堤部に水防の神とされる天白神社がある。その後、中之郷東の1600年頃締切りの箇所から井内・土居を通り、下流の安藤川の筋を流れていたと思われる。それは、中島の裏側に西除堤（にしよけ）があったこと、さらに矢作川流域下水道の工事で、安藤川沿線に大量の白いサラサラの砂を見たからである。また、国土地理院の1890（明治23）年測図を見ても、その流れが認められる。

また、JR新幹線の上流にある美矢井橋付近から高橋地区を通り、やはり安藤川へ向かっていた旧河道もあったと思われる。この旧河道の締め切り箇所は、矢作川堤防を旧河道に対してほぼ直角に締め切った様子が見られるので分かり易い。村高郷内合歓木村と刻まれた墓石が合歓木町正願寺にあるように、昔は右岸の村高と左岸の合歓木は、陸続きだったことになる。つまり当時は、図5-12, 図5-13にあるように矢作川の主流は、美矢井橋付近の高橋から下流に流れていたことが分かる。なお高橋という地名は、橋があったわけではなく、収穫高のある農地の端、つまり旧河川敷を集めた土地といわれる。

さらに、矢作川と古川の分岐点付近の小島の東を流れていた旧河道がある。いわゆる二ケ崎川と呼ばれる川で、この川は図5-12にあるように、鹿乗川の東側を流れていた縄文時代からの矢作川分流を受けている。

長瀬から鹿乗川筋に縄文時代以来の矢作川分流が流れていたことは、長瀬では県道の橋の工事、名鉄本線付近では北野用水の工事で、JR東海道線付近から木戸までの区間は遺跡発掘調査結果から分かった。遺跡調査から分かったことは、放射性炭素年代測定により、2,000年前ころ（縄文時代）まで砂礫を堆積させる川が鹿乗川の東側に沿って流れていたことが測定された。また、縄文時代の川の上層に弥生時代から人々は住み始め、中世から台地（干地）へ移り住んだが、水田耕作は現代まで続けられたことなどが分かった。

現代の鹿乗川は、遺跡調査の結果から中世以後に用排水の目的で、台地の麓へ造られ逐次改築が重ねられたと思われる。鹿乗川の西側に沖積低地が残っている場所があるが、そういう場所を含め、概ね台地の麓付近は後背湿地が多い。このような排水性が悪い所なので、近年川島の下流で二箇所の排水ポンプ場が出来た。国道1号より北側の長瀬から集まった鹿乗川の水は、下流域では木戸から矢作川へ自然排水されていた。しかし、矢作川の河床が江戸中期から高くなると、排水がスムースに流れなくなり、逆流することもあったので、1838（天保9）年に碧海台地を開削して下流から排水されるようになった。

左岸の安藤川下流部について、「矢作川治水の歴史」図（1985年、矢作川流域治水対策連絡会作成）によれば、江戸時代に矢作本川からの氾濫を防ぐ目的で、延長2,200mに亘って蓮池堤という堤防が築かれたことになっている。これは、逆に判断すれば、矢作川の水が氾濫して南方の広田川を越え、黄金堤の方へ流れたことが推定される。

左岸の広田川下流の黄金堤は、1686（貞享3）年に吉良上野介によって締め切られたことになっているが、その昔、広田川と矢作川の溢れた水もこの狭い瀬戸と呼ばれた谷を流れていたと推定される。なぜならば、1561（永禄4）年にここで「鎧が淵の戦い」があったこと、それから黄金堤の北側で道路工事を担当したときに、水田の下からシルト分を含まない砂層を確認したからである。

矢作川が図5-12の小島から分流する矢作古川という川は、古川と書いても元々矢作川の分流があったが、その後、開削と築堤によって造られた川と思われる。小島という所は、その地名から二ケ崎川と矢作古川の間に挟まれていたことになる。矢作川の幅は小川橋が307mに対し、矢作古川の幅は小島橋が33mなので、矢作古川は狭い。矢作古川のみで矢作川の流量は受けられない。当時は二ケ崎川や安藤川方面からも分流していたことになる。

西尾市内の弓取川は、かつての矢作川と思われるが、1646（正保3）年に締め切られた。この当時、矢作新川が開削されたのにもかかわらず、まだ矢作古川は流れていたことになっているが、それは開削された矢作新

第5章　河道の変遷と問題

川の当初の川幅が36mほどしか無く、河流によって漸次拡げる工法をとっていたからである。

　古川分岐点の下流は、前掲資料『愛知県における沖積層の分布及び、液状化危険予測図（西三河版）』によれば、沖積層厚が断然厚い東側山地近くにある吉良町の矢崎川筋を流れて海へ注いでいたはずである。この旧河道も記録にないほど昔の流路と思われる。河川名も矢作川の元を表しているようである。

　西暦1605年に家康の命令により、矢作古川合流点から下流の碧海台地が開削されて現矢作川筋となった。この場合、開削された延長は台地の部分のみであり、それより下流には油が淵付近の海があり、1644年締め切りとあるように、逆に油が淵との間に堤防を造って矢作川を海まで導いたことになる。

　図5-12に記入した地名は、多くのものが河川に関わると思われる地名を選んだものである。

d）矢作川流域で一番注視すべき所

　矢作川流域の堤防で一番注視すべき所は、支流の青木川の堤防と考えられる。青木川下流部は、1633（寛永10）年に藪田町方面から付け替えられた。上里・藪田から乙川までの各町合わせて約6km²の沖積低地は、かつて戦国時代に連続した堤防が出来る前まで、矢作川や青木川が乱流していた低地である。そしてそこが1978（昭和53）年頃にほとんど全域区画整理が行われた後に、家屋が7,500戸以上建っている。これは住宅地図により数えたものであるが、この他アパートは数えきれない。青木川の河床は、国道248号付近で現在測定すると堤内地とほぼ同じ高さである（図5-14）。しかし、旧河道を付け替えたもう少し上流では青木川の河床の方が3m程高い。洪水の場合にはもっと高低差が生じる。そして、1972（昭和47）年頃に設けられた護岸の根入れはほとんど無くなってしまった。もし、この堤防が切れたならば被害は甚大である（写真5-16）。

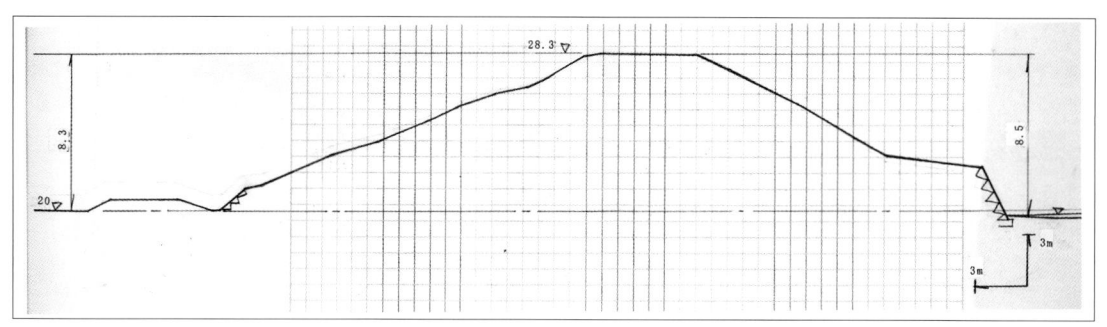

図5-14　青木川左岸堤防断面図（国道248号の上流左岸）

　この重要な堤防に、最近、桜並木を設けているが、いくつかの問題がある。近年、堤防の植樹条件が緩和され、掘り込み河川の場合では許されるものの、青木川のような天井川には植えない方がよい。昔から堤防に植樹されなかった理由には、以下のことが考えられる。

① 樹木が台風で揺れた場合、根も揺れるから漏水のもとになる。
② 強風で樹木が根こそぎ倒れた場合、堤防の土砂も根っこごと同時に持ち上げてしまう。

写真5-16　青木川の堤防と住宅

③ 桜は最も腐り易い樹種であり、木の根が腐った場合に漏水の引き金になる。

　なお、竹林は堤防保護のため古来より植えられたものといわれる。洪水時に竹が倒れ、堤防に密着して堤防を保護するように見えたことは幾度もある。柳も植えられることがあるが、根が浅く流水になびくような植物は法覆工になるようである。川砂で盛り上げた堤防の土羽部分は、法面の植物に洗堀防止が期待されている。

e）低地の新興住宅

これまでにも低地の住宅について述べてきたが、その他の低地にある新興住宅を挙げてみる。

豊田市の中島を成していた矢作川の旧河道に、その名も川田住宅が出来た。粟寺の東に当たり（図5-22参照）、戸数は約350戸である。ここは家下川の近くで、水田地帯なので湿潤であり地震に対して弱い可能性がある（上郷用悪水土地改良区誌参照）。

高浜市塩田の高浜団地は、油ケ淵沿岸にあり大府・大高断層の低地であるため、現在ではポンプ場が設置された。戸数は約110戸である。

刈谷市今川町の名鉄本線南側の西帆団地は、逢妻川右岸の低地で、標高は1.2m前後である。戸数は約90戸である。大潮の時には海面下になるので、水位の調整は下流のポンプ場に依存している。時間最大雨量97mmの東海豪雨の時には浸水した（写真5-17）。

写真5-17　刈谷市今川町の西帆団地
（東海豪雨時、刈谷市ハザードマップより）

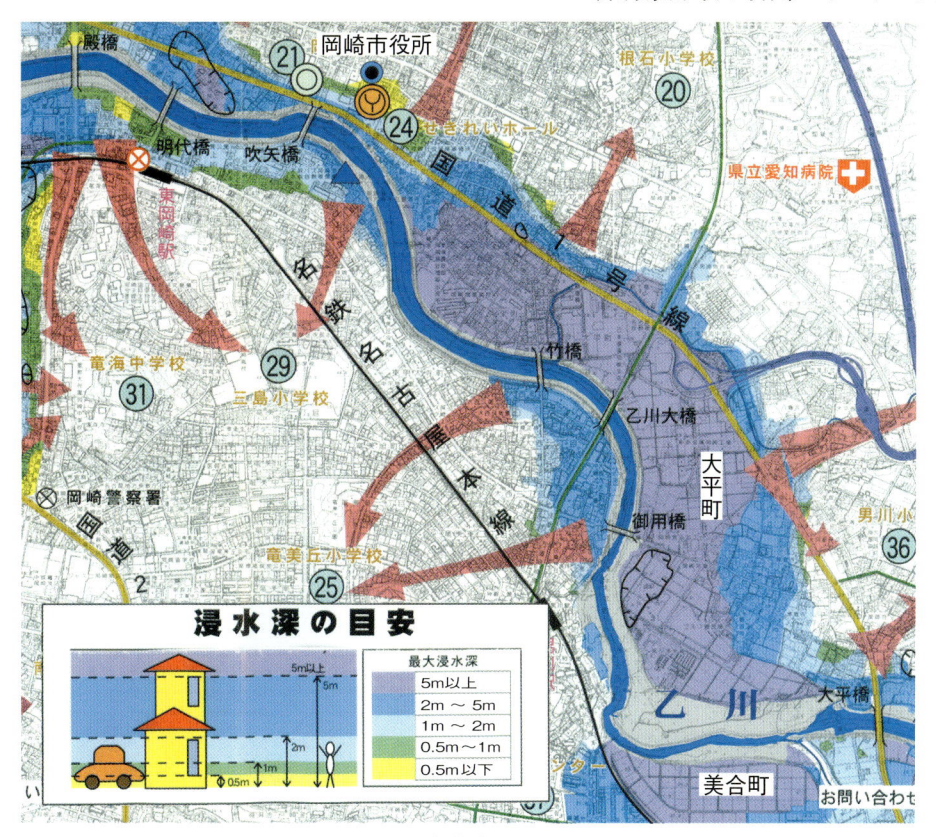

図5-15　岡崎市洪水ハザードマップ

乙川には岡崎市美合町に遊水地がある。この遊水地は約44haの水田となっており、乙川との境は無堤の部分が続いている。このような遊水地は、ポンプを使うことなく自然排水できるので、治水上最も有効と考える。ここにも下流部から宅地が押し寄せてきた。

美合町の下流には大平町がある。大平町の中にある乙川と国道1号に挟まれた約33haの土地も、かつては上記と同様の遊水地の区域であり、現在も御用橋という橋の上流側には約100m堤防が全く無い所がある。しかし、1970（昭和45）年に市街化区域に指定されたので、建物が造られつつある。岡崎市洪水ハザードマッ

プ（図5-15）によれば、市内最大の水深5m以上の浸水予想区域となっている。このような区域に建築が進むことは、浸水被害が予想される。また、建築が進みこの地区の遊水地の役目が減少すれば、乙川本川の下流部にある市街地へ洪水が押し寄せかねない。

これらの団地や個人住宅は、低湿地のために元の地価が安く、収支が成り立つとして計画されたものと思われる。これらの他にも沖積低地に各地で家が造られている。

(3) 2008年8月29日の岡崎豪雨

この豪雨により昔の地形が浮かび上がったので以下に述べる。岡崎市美合町にある気象庁のアメダスによると、最大時間雨量は146.5mmであった。また、岡崎市消防署の所管する17箇所の雨量計での最大は、中央総合公園にある雨量計で、時間最大雨量は152.5mmであった。いずれも2008年8月29日午前1〜2時の間の低気圧による雷雨であり、強雨の時間帯はこの時間に限定された。このため伊賀川では、国道248号の東側の伊賀橋で、橋脚本数が多いために上流側で越流した。それで住宅の床上浸水を招き、多くの車両が被災した。伊賀橋の下流でも越流して、特に左岸の住宅では軒下まで浸水した家が

写真5-18 広田川（幸田町、菱池跡、愛知県パンフレットより）写真上方に決壊箇所が写る

多く、死者1名が出た。その下流の両堤防内に民家が56戸あり、水際の土台と共に床も流されて、1人死亡。雨域は幸田町の方へも移動し、菱池跡が浸水したので、実り間近な稲が水没した（写真5-18）。この写真の中央やや上方の箇所が広田川の決壊位置である。洪水被害状況は、岡崎市と幸田町を合わせて、床上浸水は641戸、床下浸水が724戸という新聞発表であった。

考察すると、図5-12, 図5-13のように岡崎市北部の伊賀川は1912（明治45）年に、伊賀八幡宮以西を西進していたものをその東の台地の麓へ河道変更し、その後昭和9年に改修されたものとされるが、想定以上の異常な集中豪雨に対しては越水もやむを得ないと思われる。

幸田町の菱池は、800ha弱の後背湿地であったが、1883（明治16）年に干拓した所である。したがって、ここには各方向からの水が集まり、しかも広田川が西方へ迂回してから海に注ぐという勾配も緩やかなため、排水しにくい土地柄である。近年、そういう土地柄にも工場や宅地開発などが及び始めた。菱池跡は浸水が繰り返されるので、遊水地計画がある。

岡崎市福岡町内で浸水した理由は、かつての乙川がこの付近を流れていた所であり、それを1397年に現在の乙川堤防を作って締め切り、その名残が現在の占部川である。写真5-19の左側が占部川で右側が砂川である。浸水の激しいところが右側の台地との境であるため、最も古い川は台地の裾を流れていたと考えられる。ここは旧郡界にあたり、最も古い川となると、この辺りでは矢作川及び乙川だったと思慮される。現在では台地の裾は後背湿地の状態である。

通常の河川治水計画では、時間雨量60〜80mmほどの設計に対して100mmを越す雨量では溢れてしまうことになる。これは国内でも7番目の強雨だといわれるが、同じ場所にこのような強雨が来る確率は数百年に一度の確率だと思われる。対策には遊水地、堤防強化、下水整備、低地の住宅対策、ポンプ排水、山地処理など色々あるが、昔からの遊水地を廃止することは避けるべきである。近年の状況をみると、各地の遊水地が時代と共に逐次潰されている。新たに遊水地や地下貯留池を作ろうとしても、莫大な費用がかかるし、自然の遊水地に比べると規模が小さく効果が少ない。低地に作られた貯留池に溜まった水は泥土を含み、排除するために苦慮する。

写真 5-19　岡崎市福岡町の冠水状態（2008.8.29 中日新聞夕刊より、上方が北）
　　　　左上方の斜めにかすめる川が占部川、右の湾曲河川は砂川、その右が台地

注）右側の台地の麓が最も浸水が激しい。この低地に家が建ち始めている。

ポンプ排水の欠点は、ゴミがかかったならば、排水能力が落ちることである。数百年に一度という確率の大雨に対して維持管理も充分なされ難い。停電や、ポンプの冠水・自家発電の切り替えなどによりうまく稼働しないこともある。また稼働させたい時でも、はけ口の方が満水の場合、運転できない場合もある。したがって、従来からの遊水地が自然排水なので最も望ましいが、現代では遊水地が減少しつつある。

ダムが出来たから遊水地を廃止して良いとか、河川断面を小さく、橋長を短くしても良いという理論がある。しかし、ダムの効果ということは、急激な洪水による水位上昇に対してはダム効果が明瞭であるが、何日も大雨が降り続いた時に対してはダム効果が薄れるように思われる。したがって、ダムが出来ても安易に遊水地を廃止したり、河川断面を小さくし、橋長を短くしない方がよいと思われる。

（4）後背湿地

　後背湿地とは、ウルム氷河期に、海面と共に河川沿川の堆積土まで削り取られて地盤が低くなった後、沖積時代に河水により土砂が堆積されたが、本流から遠く、河川の運ぶ土砂が充分行き渡らなかった所とされる。したがって、湿地のようになって地盤は軟弱な所である。

　このような後背湿地は、これまでにも述べたがまだ他にもある。豊田市鴛鴨町字本川の西側に流れる細流は、家下川（やした）という。この台地の麓を流れる家下川沿線も軟弱地盤である。家下川の護岸工事の際、沈下防止のために基礎杭を追加したことがある。また、国道1号の西方北側に柿碕という所があり、ここの台地の麓には真菰層が堆積し浸水常襲地帯である。

　前述した幸田町の菱池は約 800ha の池だったが、明治期に神野氏によって干拓された。したがって、この付近一帯も軟弱である。特に占部川に近い所は真菰層がある。また、西尾市の家武町（えたけ）東部の水田部には、水面下に葦の混じった軟弱層があり、真菰層とも呼んでいる。在来からの国道23号改良工事で確認された。西尾市矢曽根町の名鉄西尾線沿いも軟弱である。鉄道高架事業で確認された。

　西尾市内の名鉄西尾線に沿って北浜川という細流がある。この沿川にも軟弱な土地が多い。河口方向の鉄道北側では、地下35mほどまでがシルトを主体とした軟弱層である。

　安城市と西尾市の境界に架かる小川橋付近は、地下20m位まで砂を含む灰色のシルトである。橋の工事を担当して実感したが、この付近の地形は沼のような所であったはずである。橋の基礎は平均長さ26mほどの井筒であり、その中に潜って軟弱層を確認した。安城市の半崎・山崎・根崎・唐津付近の台地下も軟弱であり、

地盤沈下が激しい。

　矢作川右岸の国道1号とJR東海道線に囲まれた付近には、河跡湖の妙覚池が1649年まであった。古い地名の中に、小望・池端などという所があったが、「こもう」とは菰、真菰が生えていた所といわれる。現在は昭和町となっているが、図5-13にある島の北側にあたる。現在の島坂町は合併地名で、東半分が島という所であり、ここは妙覚池の島であったともいわれる。西半分は坂戸地区であった。筒針は池の堤防を築いた地名だといわれる。現在、JR東海道線南側の鹿乗川に妙覚橋という橋がある。この妙覚池を埋めてから現在まで、この付近は度々浸水している。これは妙覚池の遊水機能が無くなったことによるものであろう。これらの他に、堤防に接して各地に池があったが、それらは川から吹き上げた湧水が池になっていた所とか、かつての川の跡や堤防の切れた所が深掘れした部分が多いと思われる。現在、これらの池もほとんど埋立てられた。

　なお、現在の矢作川下流部に油ケ淵があるが、この沖積低地は大府・大高断層の谷にシルト層が堆積した沼である。その他、境川水系の猿渡川・逢妻川・境川なども、標高10mくらいまでシルト層が厚い。

(5) 矢作川関係のまとめ

　矢作川は、これまで見てきたように分流していたが、1605（慶長10）年に矢作古川から下流を開削するまでに多くの場所で現状のように一本化された。そして、一本化する場合に沖積平地の中央付近の微高地へ築かれた。この理由は、岡崎市史にもあるように、両岸にある農地へ配水し易いように目論まれたようである。

　旧河道を調査した結果、近年では旧河道・池の跡・後背湿地へも住宅が及び、水害・震災の危険があることが分かった。その内容は次のようなことであった。

① 岡崎の青木川以南の他、旧河道と思われる低地や後背湿地・池の跡などに、最近住宅・工場・諸施設などが各地で造られている。図5-13にある菱池跡や妙覚池跡など、あるいは旧碧海郡界の占部川沿線などは、低地でかつ地盤も軟弱と思われる。こうした場所にも徐々に開発が進んできている。これらの低地は、震災や水害を受ける危険がある。

② 堤防の土質は、矢作川に限らず木曽川・尾張の新川・京都府の木津川など、多くの川で芯までサラサラの砂である。これは、当初の河道を固定し始めてから砂が河床に積もり、洪水被害を避けるために地元民が中心となって、河床の砂を堤防に盛り上げた結果と考えられる。本来、堤防では、透水性の少ないシルト質が好ましいのだが、現状は透水し易い砂が殆どであるから注意する必要がある。

③ 昭和30年代から砂や砂利が採取され、反面ダムが出来てきたので上流からの砂の補給が絶えて、河床低下している。しかし、本川は河床低下していても、鹿乗川や乙川は下流の海近くで放流しているので、昔ながらの勾配であるから内水排除は今後も重要課題である。内水は工場やゴルフ場などの山地開発と宅地化による流出率の増大による反面、遊水地の役目を果たす水田の減少により、益々浸水被害を起こし易い。

④ 遊水地は集中豪雨に対し効果があり、自然排水できるので、従来からの遊水地は温存すべきである。

5.4 豊川旧河道の調査

(1) 概要

　豊川の旧河道を図5-16に示す。豊川は東三河を流れ、豊川市の名前は「とよかわし」と呼び、川の名前は、「とよがわ」という。豊川についても前章までと同様に、旧河道や低地を調査し、災害危険区域を述べる。

　豊川は沖積地に広大な面積の遊水地を持つ全国的にも珍しい川である。放水路が出来てから水害の危険は大幅に薄らいだと言える。しかし、多くの旧河道が沖積低地にあったので、震災に対する危険区域は残されている。以下に豊川関係の特徴について列挙する。

① 最大流量と最小流量の割合、つまり河状係数が国内で最も大きい。

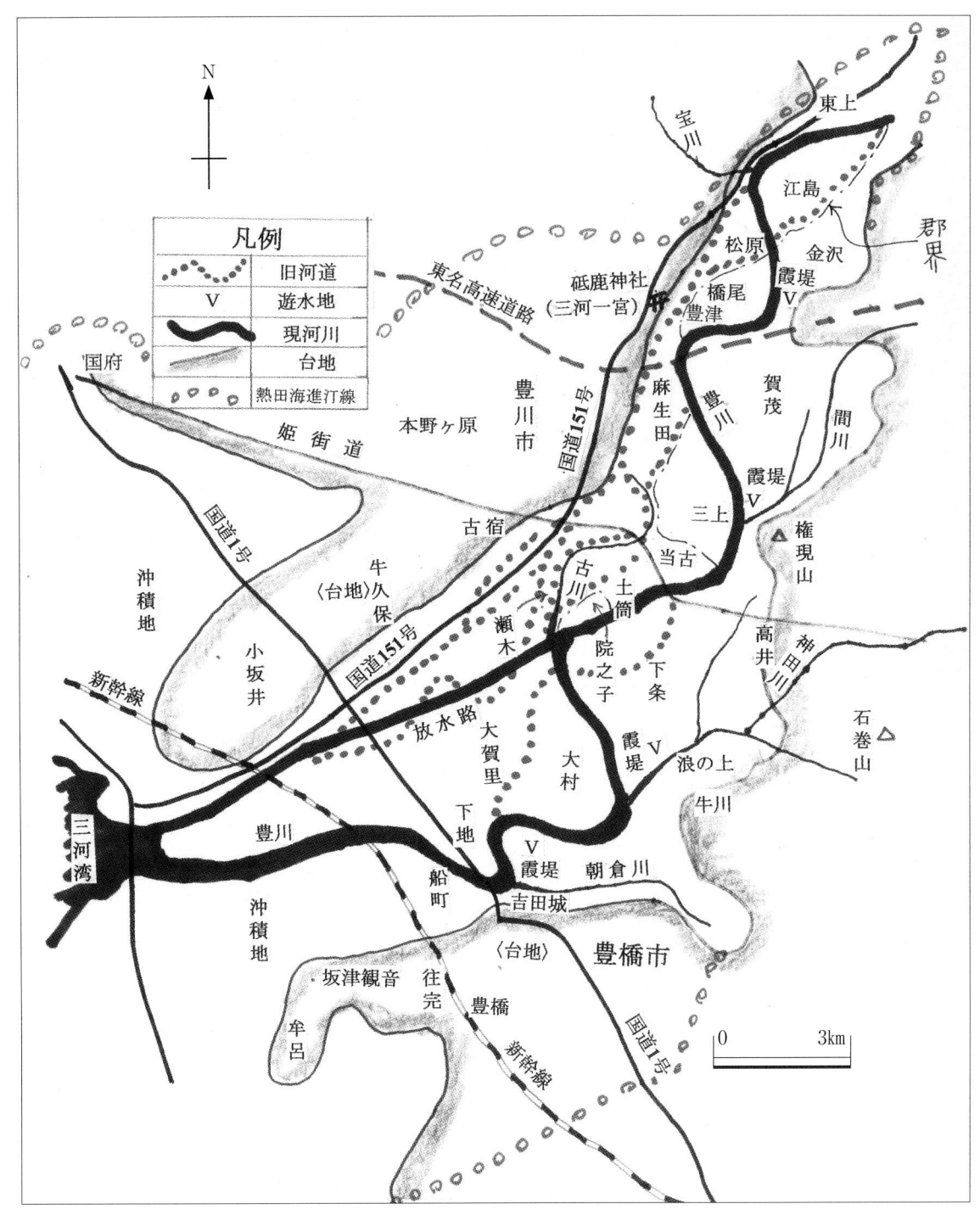

図 5-16 豊川の旧河道図

② 土砂が流れにくい河川なので、国内で最も清流である。
③ 遊水地を形成する霞堤が9箇所あった。言い換えると、堤防のない所が9箇所あったということである。（以上3項目の参考文献[45]）
④ 右岸に比べ、中流の左岸には明瞭な洪積台地が少ない。
⑤ 古道の渡河部が、海進によって区別されている。
⑥ 旧堤防が現堤防より1km余離れた所に、延長約3km残されている。
⑦ 中央構造線を流れる川である。

①と②の関係について、図5-16の範囲内では川幅の広い所や蛇行があり、こういう所も遊水地の役目を果たす。範囲外の上流では平地が極めて少なく、かつ流域は矢作川と異なり花崗岩地帯が少ないので、河原砂が

第 5 章　河道の変遷と問題

ほとんど見当たらない。河道を見ても岩盤の所が多く、下流の河床は栗石が目立つ。

③に関係して、前記のように常時に比べて急に大洪水が襲うので、遊水地が必要であったと思われる。9箇所とは、牛川、大村、下条(げじょう)、当古(とうこ)、三上(みかみ)、二葉（麻生田）、賀茂、江島、東上(とうじょう)であった。この中、右岸の大村、当古、三上、二葉の4箇所は、1965（昭和40）年完成の放水路工事に伴い閉鎖された（写真5-20）。東上は平成9年に閉鎖された[46]。結局、現在は左岸側の4箇所の霞堤が残っている。霞堤には堤防の一部が無いので、洪水の時にはその切れ目から常時農地として使われている土地へ浸水するようになっている堤防形式である。鎧堤(よろいづつみ)ともいわれる。このような洪水対策として、洪水時に下流の破堤を防ぐための水を貯留する場所を遊水地といっている。1884（明治17）年に遊水地を塞いで失敗したことがあるといわれる。

④の関係は、右岸には、崖になった洪積台地が長山から直線距離にして約10km小坂井まで続いている。左岸は、目立たないが吉田城跡付近から牟呂付近まで台地である。

⑤について、10世紀末から13世紀半ばまで海面が高かったので、鎌倉街道の渡し場が上流の当古の渡し付近までに変更された[47]。これは当時の紀行文などで表れているから分かることである。尾張地方の天白川についても、「巡り3里」という言葉があって、鎌倉街道沿線の古鳴海より上流の島田橋、音聞山付近まで廻って、また呼続付近を通過していたといわれる。矢作川については詳しい記事は見つからないが、鎌倉期に上の渡しと下の渡しがあったことまでは記録に残っている。

写真5-20　大村（放水路下流）の霞堤跡、現光道神社

写真5-21　旧本堤から上流、右側が古川の跡と農地の中にある民家、豊川本流はさらに右方（道路横断部から上流を見る）

⑥について、現在の川から約1km離れた農地の中に、大きな堤防が一本だけ残されている（写真5-21）。これは一世代前の古川右岸堤の位置だが、現在でも河川管理者である国土交通省が管理している。地元によると、放水路が1965（昭和40）年に出来るまでの本堤であったが、現在は2番堤とか請堤となっている。これより河川内に院之子(いんのこ)・土筒(どどう)・当古(とうこ)などの地域が昔からあるので、当然、現豊川沿いにも堤防があったが、その頃の堤防は低く、各地に霞堤があったので、これらの地域は洪水の被害を度重ねて受けてきたそうである。最終的な防護はやはりこの堤防であるから、今でも国の管理下に置かれている。

院之子という地名は、例えば江戸期以降「犬ノ子」、「犬子」と書いた時もある。南北朝時代に戦乱の地を避けて、院の皇子が従者と共にここに住んだ。1408（応永15）年に亡くなり、石田山長光寺の土地に葬った。1932（昭和7）年、犬ノ子では印象が良くないと長年思っていた村人が、元の意味のある文字に改めたことになっている。

旧堤右岸の瀬木(せぎ)付近には、1955（昭和30）年頃、池が各地にあった。地元の人達の魚釣り場でもあった。神社付近にも池があったが、今では各池は埋め立てられている。ところが、最近それらの池を岩屑で埋め立てて瀬木（替田）住宅が出来た。昭和48年頃に造成完了で、現在約100戸ある。こうした事例は、本論でも各地の事例を挙げている。ここは水田より少し高く、大堤防があるので豊川本流からは守られている。「せぎ」

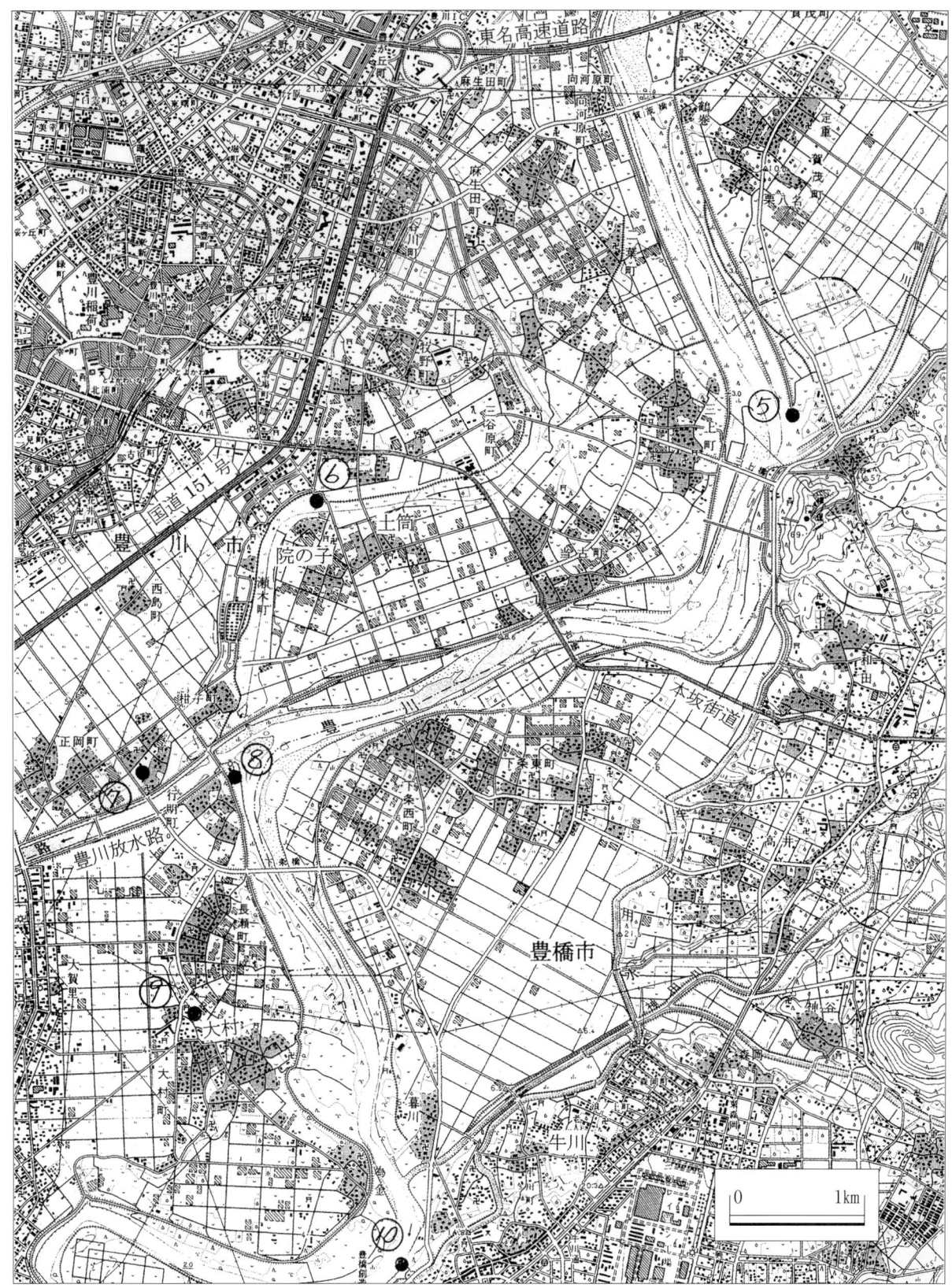

図 5-17　豊川下流部（国土地理院、1/25000 図、平成 6 年発行、豊橋に加筆・縮小）、瀬木は⑥と⑧の間、
⑤賀茂霞堤開口部、⑥古川沿いの旧本堤⑦ 1567 年築造の松原用水下流部の石碑、⑧豊川放水路分流点、
⑨旧大村霞堤、⑩下条霞開口部

という言葉は、水を食い止める、締め切った所という意味と思われ、この地域で堤防を強固にして締め切った理由は、下流の国道 1 号と JR 飯田線を守るためであったといわれる（図5-17）。瀬木はこのような湿地帯であったが、現地の説明版によると、「1493（明応 2）年に牧野成時（古白）によって瀬木城が築かれた。当時は堤

防の東側に古川が流れていた」とある。地元の人達が魚を釣っていた池は堀の役目であったと思われる。現在、城跡は神社になっている。

⑦について、静岡県佐久間地区からほぼ真っ直ぐに中央構造線が延びているが、その中の北設楽郡東栄町と新城市の境界にある池場という分水嶺からは豊川流域となって流れている。なお、現在は池場から長篠まで三輪川であるが、1966（昭和41）年まではこちらが豊川であった。今の豊川本流は、寒狭川と呼ばれた方である。

(2) 河道の変遷

「図5-16 豊川の旧河道図」は、参考文献[48]や、国土交通省の史料[49]などによる。この図に熱田海進の概略の想定汀線を入れてみた。その方法には矢作川と同様に、『愛知県の地質・地盤』付図の東三河の部を参考とした。本流の上流端は、豊島から新城橋付近になると想定される。豊橋市街地と豊川市本野ヶ原は概ね山地との境界になると考えた。標高から判断すると、縄文海進の場合には概ね当古橋付近まで汀線が及んでいたと考えられる。

前述の「愛知県の地質・地盤」付図によれば、豊川沿川も台地の裾が低地内湿地になっている。右岸では小坂井（豊川）台地の麓であり、左岸では、神田川の霞堤付近から上流の下条方面へ向かっている。こういう所は、矢作川の例でいえば地盤が弱いことが想像される。

国道151号沿いに川が流れていたという伝説があり、図5-16に記した。

豊川市在住の郷土史家である松山雅要氏の記録には、次のような記述もある。「1497年8月10日の洪水で

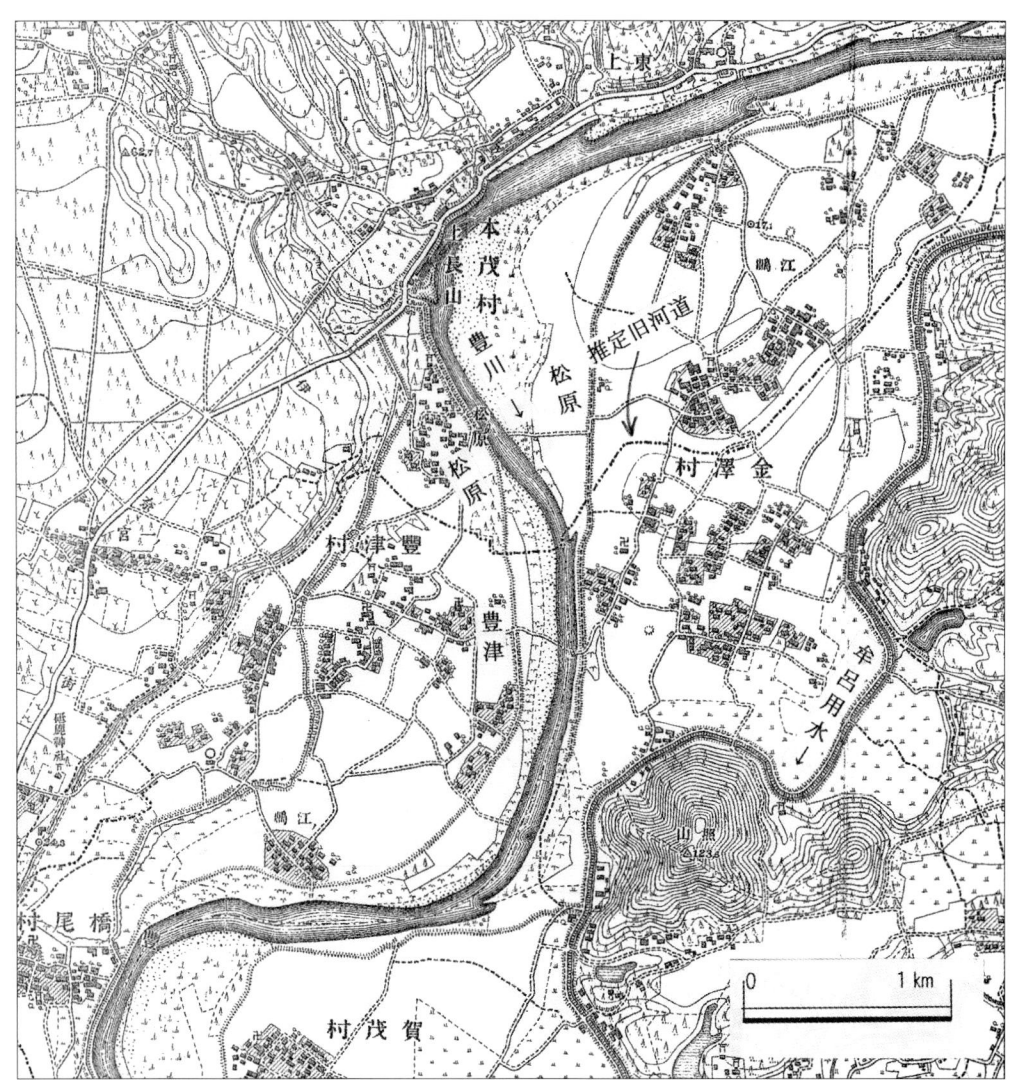

図5-18 江島付近（金沢村の北、国土地理院1890年測図、1/2万、吉祥山を縮小・加筆）

瀬が替わり、この川筋絶えたり、今もその川筋は深田にて耕業に苦しむという」(「古蹟考」)。「1498年6月25日の明応の地震で、三州豊川吉田川之瀬替わる、今の古川」(三河国聞書)。

これらの記録は、図5-16に表れている旧河道からの移動か、あるいは今の放水路もかつての旧河道といわれるので、そこから現河道に変わったことも考えられる。

また、1666 (寛文6) 年「今年吉田川の上当古村の川筋替下条の方云。今云古川新田。」(三河国聞書)などの記録では場所の特定が困難であるが、河道の変遷の一端が伺われる。

江島は、昔東側の金沢地区との間に川が流れていて中島の時代があったそうである。そのため図5-18や現地を見ても、川跡の形跡が残っている。また、霞堤があるということはその名残であろうか。さらに同図を見ても、松原地区は豊川の両岸にまたがっており、推定旧河道が郡界になっている。1969年の台風による洪水で、江島と金沢の間で堤防が切れたのでやはり江島と金沢の間に流れが

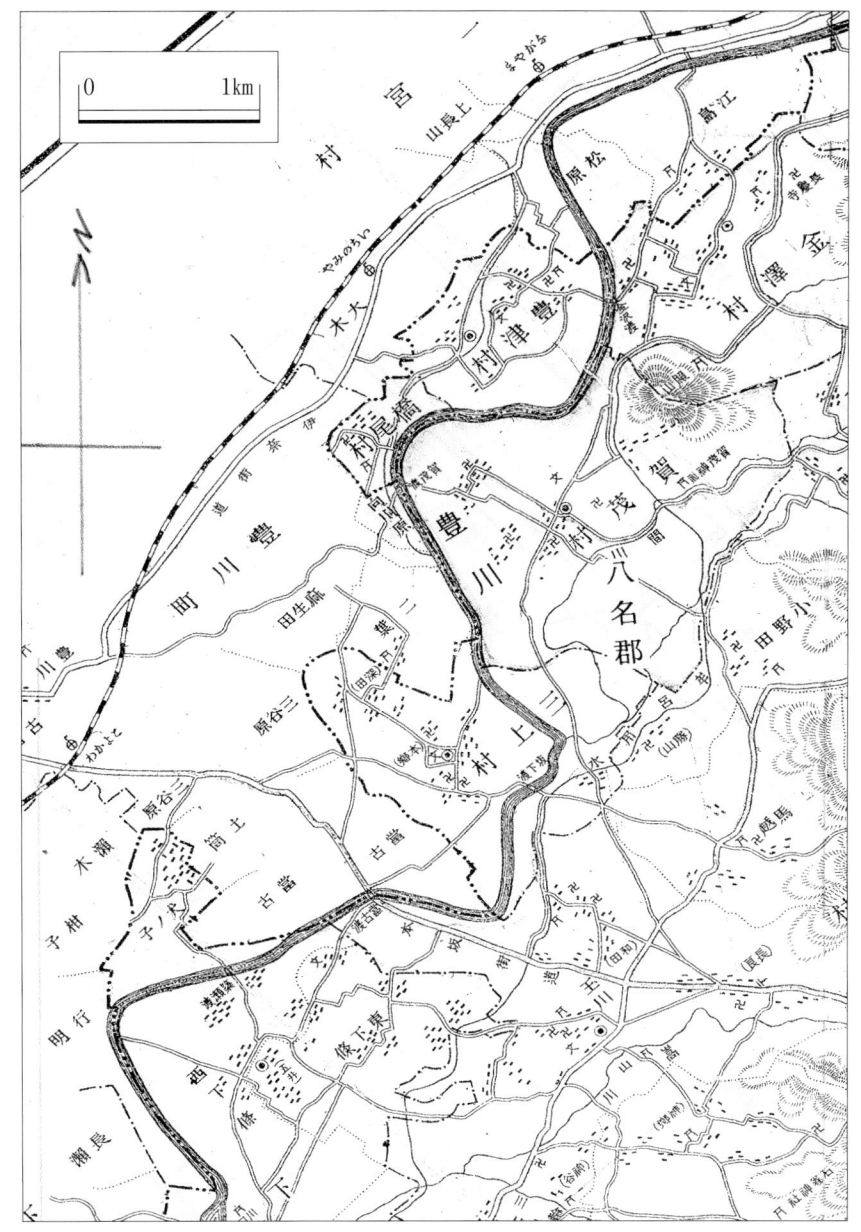

図5-19　豊川沿線の旧郡界 (二点鎖線)、1913年の八名郡図

あったことになる。昔の川を締め切ったところで、破堤することはよくあることであるからである。現地を見ると、帯状に低い地形が確認できるが、巾が40mほどなので、現河川の方にも流れがあって、江島はその名のとおり島であったと推定される。

行政界を見ると、図5-19でも表れているが、この川跡を通って右岸の豊津まで取り込む形の八名郡であった。豊津の西側に当たる台地の麓も低湿地である。さらに同図の南側を見ると、橋尾と三上地区も八名郡となっている。その下流の犬の子も八名郡となっている。つまり、今の川筋ではなく、当時の郡界を一時期豊川が流れていた可能性が強いと思われる。なお昭和20 (1945) 年まで、地図の文字も右から左に書かれている。

次に、図5-20は1693年の図である。この図の草ヶ部 (日下) は、現在の豊津の北側地名であり、その西の郡界に当たる所にも旧河道があったことを表している。そして、井嶋村が川に囲まれた中島になっている。井嶋は現在の豊津の南端部の地名であった。また、草ヶ部・加茂入合野という所は、草ヶ部地内に新川が出来、左岸の加茂 (賀茂) 村とどちらの所有かもめた結果、両村共有の土地になっていた所である。この共有地は、古川が廃川になったので、現在加茂町になっている。この図は、かつての郡界に豊川が流れていたことを表す一つの証拠品である。なお、養父村は現豊川市金沢の南半分の地名であったが、それより下流の現在の行政

界は、ほぼ豊川となっている。

図 5-21 は、1740 年頃に発行された三河国絵図だが地形は 1650 年頃を表すともいわれる。左岸の八名郡と右岸の宝飯郡との郡界が実線で描かれ、図 5-18、図 5-19 のようになっているが、土筒と犬子は豊川の左岸にあり、当時の豊川は土筒と犬子の西側を流れていた姿である。豊津と三上付近の郡界を流れていた時代は、もっと古いことになる。土筒・犬子の西

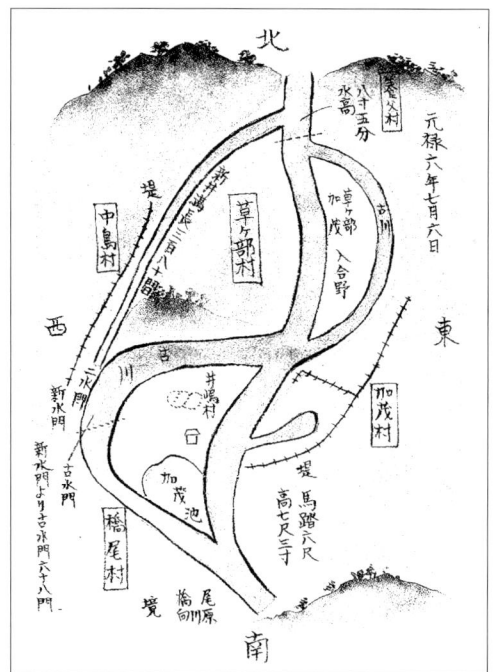

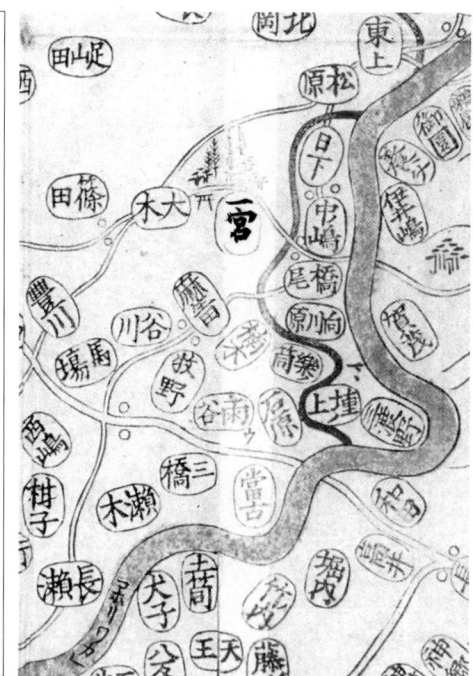

図 5-20　1693（元禄 6）年の図[50]

図 5-21　1740 年頃の三河国絵図

側に現在残っている大きな堤防は、この頃の右岸堤になる。この大きな堤防は、1689 年の元禄期にはすでにあったといわれる。矢作川でも、本格的な堤防は戦国時代に造られたことになっており、豊川でもその頃に造られたと想定されている。

豊川市に住む人達は、低い沖積地の方を「下郷（したごう）」といい、台地の上は「上郷（うわごう）」といった。矢作川流域の西尾市や安城市・豊田市中島付近では低地を「福地」といい、高地を「乾地、干地」という。福地は沖積地で米作りに適し、乾地は文字通り乾きやすい土地なので畑作に適することから名付いたと思われる。

(3) 豊川関係のまとめ

豊川の沖積地は、近年になって堤防が補強され、かつ放水路が設けられたので、浸水の危険は大幅に減少したと思われる。本稿では主に中流域の沖積地をみてきたが、下流域では、旧河道が複雑に入り組み低地でもあるので、土地利用については震災対策を含め、留意する必要があると思われる。

現在の古川は、旧堤の東側にある細流である。旧堤は古川の堤防ではなく、放水路が出来るまでの本堤であった。右岸の沖積低地は、ほとんどの面積が遊水地であった。その後、放水路が出来てから、右岸の霞堤は 5 箇所の全てが閉鎖され、浸水の少ない地域となっている。左岸には相変わらず遊水地が多く、洪水のたびに浸水区域がある。沿線の道路もそれに付随して浸水する。しかし、霞堤を閉鎖したならば、下流の豊橋市市街地では水害の危険が増すことになる。

問題と今後の課題は、霞堤の存続が出来るかどうかである。時が経過すると必ず遊水地を塞ぐ要望が出て来るということが、今までの各地での歴史である。

5.5　災害と地名[51]

以上でも地名と河川に関わる事柄を述べたが、その他にも災害と地名の関係がある。近年の地形の改変で、昔の地形や地質が分かりにくくなった所が多いが、地名は遠い昔からの土地の履歴を含んでいる。その地名が、地震や洪水時などの災害を予知していることもあると考えられるので、そうした地名を抜粋してみる。なお、ここに説明した内容は、よくある事例であり、例外もある。

青木；扇即ち扇状地から名付いた。尾張の青木川は代表的な木曽川扇状地を流れている川である。矢作川流域の青木という所は、青木川と合流した付近の地名である。

アシ、アズ：悪しきからきた可能性がある。例：芦屋、愛媛県長浜町足山などは、崩れやすい土地柄といわれる。一般に一度崩れた所は、2～3回崩れることが多いと言われる。

イタ：板という字を使うことがある。痛々しい所。土地が崩落しやすい所。岡崎市板田町、岐阜県板取、徳島県板野郡、などである。

ウシ；例えば牛という当て字を含み、「憂し」土地の可能性がある。洪水氾濫地とか、崩壊地が多い。ナエは萎えに通じ、山が萎えるということは、耐力がなく崩れやすい土地ということである。苗場、青苗、苗木、苗松山などの例がある。

カキ、カケ、ウメなど；欠けるとか池や川などを埋めた所についた地名の場合が多いので、地盤が弱い可能性がある。筆者の町内に細川町柿平という地名があるが、巴川に接した所である。岡崎市欠町は乙川沿いにある洪積台地の端である。大阪市梅田は湿地帯を埋めた所といわれる。津島市埋田は、古川を埋めた場所になると思われる。岐阜県山県市梅原も崖錐によって埋まった所と思われる。

クジ、久地：何本かの川が合流した低地。久地野・墨俣も同じ。

クリ；2008年6月、M7.2の「宮城・岩手内陸地震」があった。それで県境の栗駒山（1628m）の山頂からは雨が降らないのに土石流が流れ、中腹では100m余りが沈下崩壊した。死者行方不明者は23名であった。近年稀に見る災害だが、これらの土砂崩壊の起きた下流側の地名は、栗原市（旧栗駒町）である。この「栗」という地名だが、「刳る」という木地師がロクロで「くり抜く」、あるいは「えぐり取る」という崩壊地名だそうである。被災地のうち、駒ノ湯温泉は過去にも山崩れがあった所といわれる。

スモモ、李：すぼまる。狭い地形の所。

鳶、トンビ；山が飛ぶという崩壊地名であり、1858（安政5）年2月26日の地震により、立山連山の大鳶山と小鳶山で約4億m^{3}の土砂崩壊があった。これによる立山温泉の死者は30余名、さらに常願寺川の埋没・決壊で4月26日に140名におよぶ死者が出た。ということは、栗駒山のような異常な沈下崩壊が過去にもあったという事例でもある。

トロ、土呂：トロはトロトロの泥地帯と思われる。岡崎市上地町・福岡町・萱園・高須など旧6地区がトロと呼ばれていた。写真5-19の南側であり、台地の縁を原始時代の矢作川が流れ、泥の深い田圃となっており、常時浸水地帯である。ここはまた、台地にも粘土が含まれ、上地町にはかつて瓦製造の家が3軒あったといわれる。静岡県の登呂遺跡も水田地帯である。

ノダ、野田：ヌタ、湿地。

ハネ、羽根：埴輪のハニからきた粘土地帯のこと。半田市はハニダからきた。岡崎市羽根町。

林；旧河道を廃止した所の場合がある。徳島県阿波地区の林では、1961（昭和36）年の第2室戸台風により、吉野川の旧河道であったので冠水した。尾張の古代の中島郡に拝師郷があったといわれるが、調査してもどこかは不明である。

福田川；フケダ、湿地を流れる川。

ヤダ、ハッタ；矢田、八田も湿地。

ヤギ、八木：養基は洪水で幾つも川が分岐した柔らかい土地。

2004年7月13日の新潟豪雨では、旧中之島町大字中島の堤防が決壊した。中島という地名は、岡崎市中島町や豊田市東畝部町中島も川に囲まれていた

写真5-22　新川左岸の破堤状況（国土交通省中部地方建設局・愛知県パンフレットより）

地形だから、洪水被害に遭いやすい所といえる。新潟豪雨では、死者16名、床上浸水以上の被害家屋は7,667棟であった。

　2000（平成12）年の東海豪雨では時間最大雨量が97mmとなり、名古屋市西区で新川堤防が決壊した（写真5-22）。ここの地名はあし原町であり、対岸の地名は清洲市（旧新川町）阿原である。昔、あし原と阿原は、葦が生えていた沼地であったことをいっていると考えられる。

　2008年8月29日未明の豪雨による岡崎市の被害と地名の関係については、前記5.3の矢作川に関する記述で既に述べた。その中の主な内容は、広大な後背湿地を埋立てた菱池地名と、かつての矢作川や乙川の流れていた土呂地区の冠水が激しかったということであった。

　矢作川流域の豊田市川田住宅はかつての矢作川の旧河道にあり、高浜市の塩田住宅は大府—大高断層にある油ケ淵周辺の浜辺であった。矢作川には8m以上の河床低下という現象があるので、川田住宅の辺りも矢作本川から逆流する洪水被害は少なくなったといえるが、家下川の近くの水田地帯であるので、震災の注意が必要と思われる。5.4（1）で述べた豊川市瀬木町字替田の字名は現在カイダというが、参考文献[48]によればカエダとしてあるので、水辺から田圃に替えた所と思われる。

　岐阜県大垣市の大谷川に後述の洗堰がある。洗堰は庄内川にもあり、越流水が新川へ流れ込むようになっている。矢作川流域でも豊田市森町の加茂川を500mほど遡った所に洗堰があったが、豊田スタジアムが出来たときに塞がれた。各地に洗堰は必要であった。

　大垣市の地名は、生け垣や玉垣が市街地を巡っていたのではなく、水垣が巡っていた地名といわれる（中部地名研究会服部会長談）。真ん中の水門川では船町に湊跡や住吉燈台があり、西側の杭瀬川では金生山の石灰岩を運ぶ赤坂湊まで、舟運が盛んであった。大垣市には自噴水が豊富でもあり、水の都といわれた。この大垣市の十六町にある大谷川（旧百曲川）の洗堰は、2002年7月10日の豪雨で約1m水が乗り越え、下流の床上浸水に314戸の被害を与えた（写真5-23）。この付近の地名を見ると、島町、中曽根町などがある。この地域の旧来の地名は荒崎

写真5-23　大谷川の洗堰からの越流状況
（岐阜県作成、現地見学資料より）

地区といわれ、地震のたびに地盤沈下している地域ともいわれる。

　押切という所は、水が押し切って流れていた所といわれる。本当かどうか疑わしかったが、2008年8月29日未明の大雨により、名古屋市押切町で冠水した道路で動けなくなった多くの車の写真が新聞で報道された。この名古屋市内の大雨による被害報道は、押切町のみであった。押切町は、笈瀬川の上流であったが、今では暗渠化されている。また、1級河川庄内川と矢田川の古代ルートは、名古屋城のある台地に接した北と西側を流れていたことが推定される。宮城県でも押切地名は、同様の使い方をしている。

　岐阜県揖斐郡大野町から流下する藪川つまり現在の根尾川は、元は船来山の東を流れていた旧根尾川を主流としていたが、1530（享禄3）年6月3日の洪水により藪村を破り流れたのであるが、従来からの藪村の土地が過去に水害を受けていた所と推定される。

5.6　沖積低地と震災

　震災について、沖積層の中でもシルト・砂・腐植土・粘土層などが厚い所は被害が大きいといわれる。ハザードマップには付近の破堤による想定浸水深さと、想定震度などが記されているが、地層の内容や旧河道までは記されていない。ここでは、砂層の液状化について触れる。沖積低地の砂層は、乱流時代の旧河道により堆積

したものである。

　一般的に、砂層の含水比が大きく、かつ比較的粒の細かい粒子が揃っていると地震時には液状化現象が起きやすいといわれる。濃尾平野の沖積地には、濃尾地震による液状化の履歴があり、それによれば殆ど全域で液状化が確認され、危険性があることになっている[52]。五条川の最下流である甚目寺町萱津付近の河川改修の地質データによれば、液状化抵抗率が 0.5 ～ 0.7 ほどであるから液状化が起きやすいことになる。しかし、扇状地では一般的に表土の下に玉石や栗石が密に堆積しているので、沖積泥層より被害は小さいと思われる。

　矢作川本線の沿川では、国道 1 号から南で液状化現象が起きやすいとされている（『愛知県の地質・地盤』1980、付図）。推定すると、矢作川の国道 1 号付近から上流は、砂が粗粒のために液状化が起きにくいのではないかと思われる。ただし、筆者が洪水の危険区域とした、青木川から南方の国道 1 号までの矢作川左岸区域には、かつての青木川や伊賀川が運んだ砂も混じっているので、液状化現象が起きるかも知れない。衣浦湾から上流の、境川沿川では河口部から東海道新幹線付近まで液状化の危険が大きいとされる[52]が、これはデータが少ないためであり、もっと上流まで危険性があると思われる。豊川沿川では、概ね豊川放水路分派堰から下流に液状化の危険性があることになっている。

　震災時には、海岸堤防や河川堤防でも、安穏としていられない。地震の規模によっては堤防に被害が出る虞もある。最近の堤防は、鋼矢板に頼りすぎの感じがする。鋼矢板は、概ね 30 年くらいはもつが、特に海辺ではそれ以上の期間が過ぎると錆が進み壊れてしまう。最近は、一般家屋やビル、あるいはコンクリート構造物なども、寿命が概ね 30 年ほどで取り壊されるものが多いように思われるが、土木構造物などは 30 年では短いと思われる。計画から完成まで 10 ～ 20 年位かかる事業もあり、そうした結果出来た構造物にはもっと長期の耐久性が望まれる。沖積層の厚い海岸近くは旧河道が乱流した跡であり、地盤が動きやすいからフレキシブルに対応できる構造が望ましい。

　参考に 6 章末尾に主な東海地方を襲った地震の一覧表を載せる。

5.7　第 5 章のむすび

　本章では、木曽三川・矢作川・豊川の沖積低地における旧河道の変遷を縄文時代まで遡り詳しく調査すると共に、宅地をはじめとする利用が成されつつある沖積低地の水害・震災などの災害対策に活用することを提案した。その結果、沖積平野に分流していた木曽川・矢作川・豊川には、既往の各市町村史などによる調査結果を参考にしつつ、改めて踏査することにより、多くの埋められた旧河道や後背湿地などを新たに確認した。また、各河川に言えることであるが、洪積台地の麓は後背湿地が多く、最古の旧河道が流れていたことが多い場所であることと共に、縄文海進の汀線より下流では、河口に近いほどシルトおよび砂を含んだ沖積層が厚いので、震災や水害・高潮の危険性が高いことが分かった。

本章で得られた具体的内容をまとめると。以下のようである。
① 従来、尾張平野には 3 本の枝川が流れていたとされるが、実際には昭和川が際立って別ルートを流れていたので、4 本の枝川とすべきである。
② 古い時代に埋められた旧河道は、最も分かりにくいが、見つける方法は地質調査の他、地名を調べてみることである。
③ 木曽川筋では濃尾傾動運動によって、長良川や揖斐川方向に沈下しており、軟弱層が厚く堆積し、長良川筋では墨俣以北まで軟弱層が入り込んでいる（次章参照）。
④ 木曽川筋では、後背湿地と同様な地形として、例えば舟津から藤島団地、さらに下流の枇杷島から河口に至るラインが低地で、水害や震災の危険が大きい。
⑤ 矢作川筋では青木川の下流部が破堤すると、被害が大きいことが予想された。青木川下流部の護岸は、1972（昭和 47）年頃に施工されたものであり、その後の河床低下により根入れが少なくなって、ほぼ

浮き上がった状態である。一部においては災害復旧が行われているが、その他の区域について早急に改修する必要がある。
⑥ 多くの河川堤防は手近な砂で盛り上げてあるので、法面の安定は草に依存しており、水位が一定以上になると漏水しやすく、崩れやすい。
⑦ 山間部が極端に過疎化になり平地部へ人口が集中し、平地部の良好な宅地は既に既存宅地になっているので、旧河道や後背湿地・池跡のような沖積低地に開発が及んでいる。こうしたことは浸水や地震時の災害を受けやすい地域になる。このような地区を関係者が十分認識しておく必要がある。
⑧ 沖積低地の新興住宅が増えてきたが、本章で述べたような水害・震災が予想される旧河道や後背湿地などで、現在も建築が進んでいる。例えば岡崎市大平町のようなかつての水田地帯は、上流に堤防が無いので浸水し易い。昔の遊水地だが市街化区域なので建築が進行している。もっと建築が進んだ場合、遊水地の役目が減少し、乙川の下流に与える影響が大きくなる。
⑨ 海抜ゼロメートル地帯の軟弱地帯は、さらに対策強化を計る必要がある。
⑩ 遊水地は集中豪雨に対して有効な施設と思われるが、豊川流域が最も遊水地を活用しているといえる。広大な面積を必用とする遊水地は、新設することは極めて困難であり、既にある遊水地を従来通り継続することが重要である。
⑪ 設計雨量を大幅に超える集中豪雨に対処するためには、川幅の広い所や、流速を抑える効果や遊水地効果をもつ蛇行、遊水地などを残した方がよい。近年、洪水時には水が流れる断面内と思われても、民地であるので埋め立てられ、開発されている所がある。例えば豊田市矢作川支川巴川下流部の両岸道路内側は広く見れば河川断面と言える。このような場合には、民地といえども規制すべきであろう。
⑫ 決壊場所が旧河道を締め切った所であった事例は多い。締切工事はまず応急的に土のうや木杭、石、古船などを詰め込んで水流を遮った所であり、異物があることも一因である。
⑬ 旧河道を調べた結果の副産物は、乱流した旧河道を利用して、石や寺院の建築用材などの重量物の運搬経路が分かった。
⑭ 現在、ハザードマップが公表され、低地の浸水危険区域などが減災の参考になるが、旧河道や後背湿地などを具体的に理解しておくことによって、震災や水害に対する危険性を回避するのに役立つ。
⑮ 内水排除は今後の重要課題である。内水は山地開発と宅地化による流出率の増大による反面、遊水地の役目を果たす水田の減少などにより、益々浸水被害を起こし易い。

注1）津島市埋田は、尾張名所図絵によれば次図のような川が流れていたことを表わしている。つまり、埋田は旧河道を埋めた所であろう。下流にはその名残のような善太川が流れている。

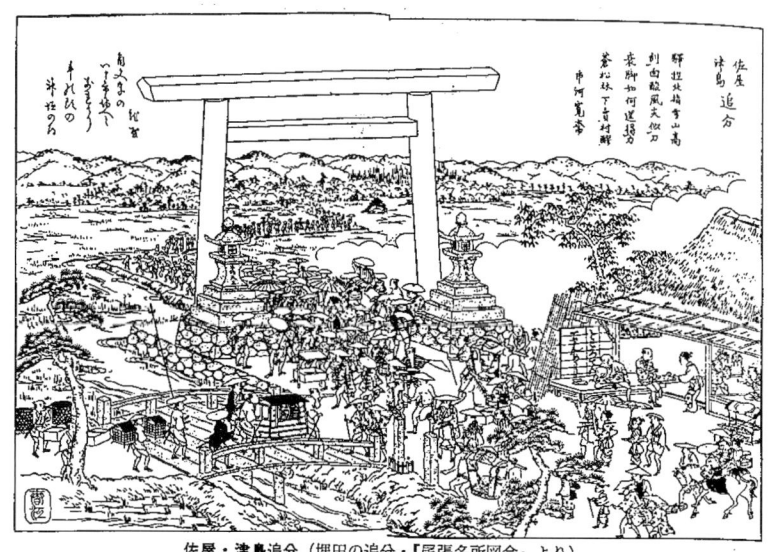

佐屋・津島追分（埋田の追分・『尾張名所図会』より）

注2）図5-22は1645年頃作成された「三河国絵図」の一部分である。

　島の中には、川端中島・中切・宗定があった。粟寺はアワテラのことで、中キリの左側にあたる。

　青木川は、1633（寛永10）年に大樹寺の西隣から磯部・上ノ里（現在の上里）の北側へ付け替えられた。また、本文にあるように、中島の状態は1604年に解消されている。つまり、この図は作成された年代よりかなり古い地形を表している。

　右下の「岡崎」と書かれた所が岡崎城の位置である。そこから左側（西方）に矢作橋が描かれている。この場所での矢作橋は、1602年に最初の橋が架けられたことになっている。このことから判断すれば、この絵図は1603年頃の地形を表しているといえる。

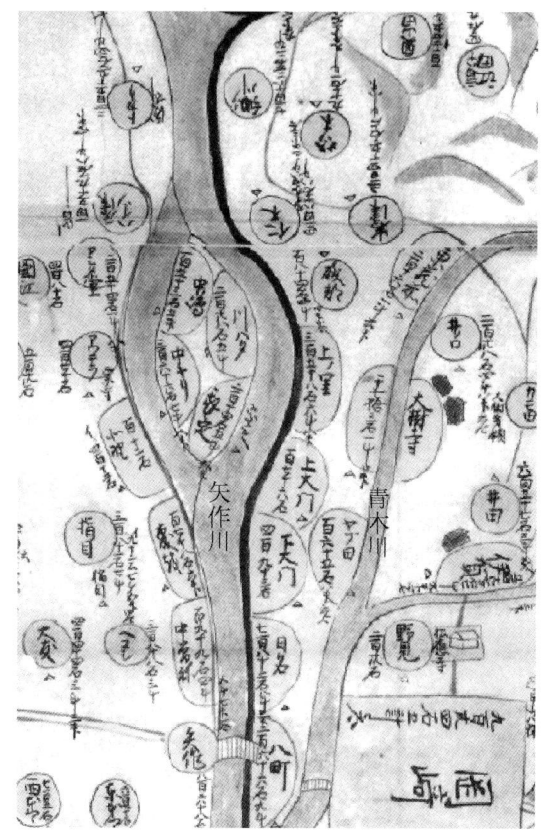

図 5-22　三河国絵図（部分）

第5章の参考文献

1) 高橋学、「土地の履歴を無視した宅地開発が災いに」、― 住宅・橋梁の被害が旧河道・埋没旧河道に集中、日経アーキテクチュア、pp.106-109、1996.
2) 井関弘太郎著：『車窓の風景科学』, 名古屋鉄道（株）, pp.23-25, 1994.
3) 中根洋治, 鈴木教布, 前沢栄, 牧野秀則, 野沢重明, 佐藤幸雄：『矢作川』, 愛知県豊田土木事務所, 1991.
4) 国土交通省庄内川河川事務所：『庄内川』、p.110、1989.
5) 新編岡崎市史編集委員会：『新編　岡崎市史』、自然編14、p.159、1985.
6) 前掲2)、p.88.
7) 各務原市教育委員会：『各務原市史』通史編　自然・原史・古代・中世、p.271、1986.
8) 吉川博著：『尾張の大地』、山海堂、p.39、1987.
9) 木曽川学研究協議会：『木曽川学研究』第4号、伊藤秋男、p.177、2007.
10) 平和町史編纂委員会：『平和町誌』、p.741、1982.
11) 木曽川町史編纂委員会：『木曽川町史』、p.42,1981.
12) 岐阜県：『岐阜県治水史』上巻、p.55、1953.
13) 地盤工学会中部支部濃尾地盤研究委員会編：『稲沢の地盤』、愛知県稲沢市、pp.29,40,43、1996.
14) 領内川用悪水土地改良区：『領内川史』、p.90、1981.
15) 佐織町：『佐織町史』通史編、p.110、1989.
16) 吉田蒼生雄：『武功夜話』、p.72,1987.
17) 前掲16)pp.212-228.
18) 木曽川学研究協議会：『木曽川学研究第5号』、pp.30-53、2008.
19) 前掲9)、p.179、2007.
20) 前掲11)、p.50.
21) 前掲11)、p.48.

22) 前掲 2)、pp.40,41,45,47.
23) 前掲 9)、pp.174,179.
24) 愛知県土木部：『庄内川改修史』、p.167、1964.
25) 長谷川国一：『北区の歴史』、愛知県郷土資料刊行会、pp.79-80、2008.
26) 師勝町歴史民族資料館：『研究紀要Ⅰ』、p.4、1991.
27) 西春日井郡師勝町：『師勝町史』、p.4、1964.
28) 一宮市：『一宮市史』、pp.17-23、1970.
29) 前掲 2)、p.28.
30) 前掲 9)、pp.29,268.
31) 新修稲沢市史編纂会事務局：『新修　稲沢市史』本文編上、pp.21-22、1990.
32) 中根洋治著：『愛知発巨石信仰』、愛知磐座研究会、p.432、2002.
33) 本巣郡教育会：『本巣郡志』p.12、1937.
34) 前掲 12)、p.60.
35) 天野敬也：『ふるさと鷲山』、pp.38,39、2003.
36) 垂井町史編さん委員会：『垂井町史』、pp.234-238、1969.
37) 養老町郷土資料館協議会：『養老町の古道』、pp.8-22、1995.
38) 国土交通省庄内川河川事務所：『庄内川流域史』、pp.22-34、1977.
39) 中根洋治・奥田昌男・早川清・可児幸彦：「歴史的堤防を伴う旧河道の調査」、『歴史的地盤構造物の構築技術および保存技術に関するシンポジウム発表論文集』、No141、地盤工学会、pp.13-20、2008.
40) 前掲 5)、p .160.
41) 安城市教育委員会：『安城歴史研究』第 9 号、天野保、pp.1-17、1983.
42) 前掲 5)、pp.159-160.
43) 前掲 5)、p161.
44) 岡崎市教育委員会：『矢作川河床遺跡出土品展図録』、p.29、1983.
45) 藤田佳久：『生きている霞堤』、愛知大学総合郷土研究所、pp.17-67、2005.
46) 寺村淳 , 大熊孝、『不連続堤の機能と分類に関する研究』土木史研究、論文集 Vol.26、土木学会、pp.76,77、2007.
47) 中根洋治：『愛知の歴史街道』、愛知古道研究会、pp.1-2、1997.
48) 豊川市郷土史研究会、安藤勲：『豊川史話』第 9 号、p.7、2003.
49) 国土交通省豊橋河川事務所：『母なる豊川　流れの軌跡』、p11、1998.
50) 前掲 49)、p 73.
51) 小川豊：『崩壊地名』、山海堂、pp.60,68,72,114、1995.
52) 若松加寿江、『日本の地盤液状化履歴図』、pp.200-214、1991.

第6章　10万年前の旧河道

6.1　はじめに

　更新世（洪水の激しかった時代）の旧河道については、岐阜県山県市の谷を大河川が北西に流れていたという伝説がある。ところが、学説[1]では「この谷の途中に高い所があるので大河川は流れていなかった」ということになっている。筆者は地元の伝説は嘘かどうか、その真偽を確認したいと思った。また、岐阜県には他にも更新世からと思われる複数の旧河道が認められるので調査する。表題を10万年前としたのは、その前後の時期を端的に表現したものである。

　本章の目的は、岐阜県内にある更新世の旧河道について、種々の調査を行い、その存在と位置関係について検討することである。また、更新世の旧河道が現代に起こりうる水害・震災に関わるかどうかも併せて検討する。調査対象区域は、航空写真（写真6-1）と図6-1に示す。これは主に美濃加茂市から山県市へ至る谷底平地の部分を表すものである。なお、完新世・更新世という言葉は、従来の沖積世・洪積世とほぼ同じと解釈されている。

　木曽川学研究協議会の講演集で「各務原台地は木曽川の河口」という項目があり、その中に「約10万年前の古木曽川は、岐阜県美濃加茂市から山県市高富、岐阜市街西部へ流れていた」という内容が説明されている[2]。そこで、この説明内容をきっかけとして、この先線と、その他いくつかの旧河道についても調べる。また、木曽川流域の旧河道に関する筆者らの調査報告[3]の中で、一部を触れた岐阜県各務原市の洪積台地を流れていた旧河道も詳しく調査する。

　その他の既往の研究には、第5章文献1）のように、宅地開発と旧河道について論じたものがある。これは、阪神地区の旧河道であった場所が地震や洪水に対して被害が大きいという研究報告であり、旧河道の調査が災害防止に繋がるという観点に符合している。

6.2　本章の進め方

　本章では次のような更新世後期の各ルートについて述べるが、いずれも現在の河川名が当然ながら無い。地域に似合う仮の名を付けて解説しようと思う。
　① 木曽川の分流が、美濃加茂市〜岐阜市太郎丸〜山県市高富〜伊自良川の方向で流れたとする旧河道を仮に古川とする（図6-2 ボーリング位置図参照）。
　② 木曽川の分流が、各務原市のJR高山線の北側を流れたとする旧河道を、仮に苧ヶ瀬川とする。中位段丘である各務原台地の上を流れた旧河道である。
　③ 長良川が、岐阜市芥見〜各務原市蘇原へ分流したとする旧河道を、仮に岩滝川とする。河岸段丘の上を流れた旧河道である。
　④ 長良川の分流が日野から南東へ流れていた川を、仮に日野川とする。
　⑤ 武儀川が、岐阜市三輪〜山県市高富の鳥羽川へ流れたとする旧河道を、仮に山県岩川とする。途中から石田川と合流する旧河道である。段丘は見つからないが洪積層の上を流れた旧河道である。
　⑥ 武儀川が関市広見から東の長良川へ流れた旧河道を、仮に広見川とする。

第6章　10万年前の旧河道

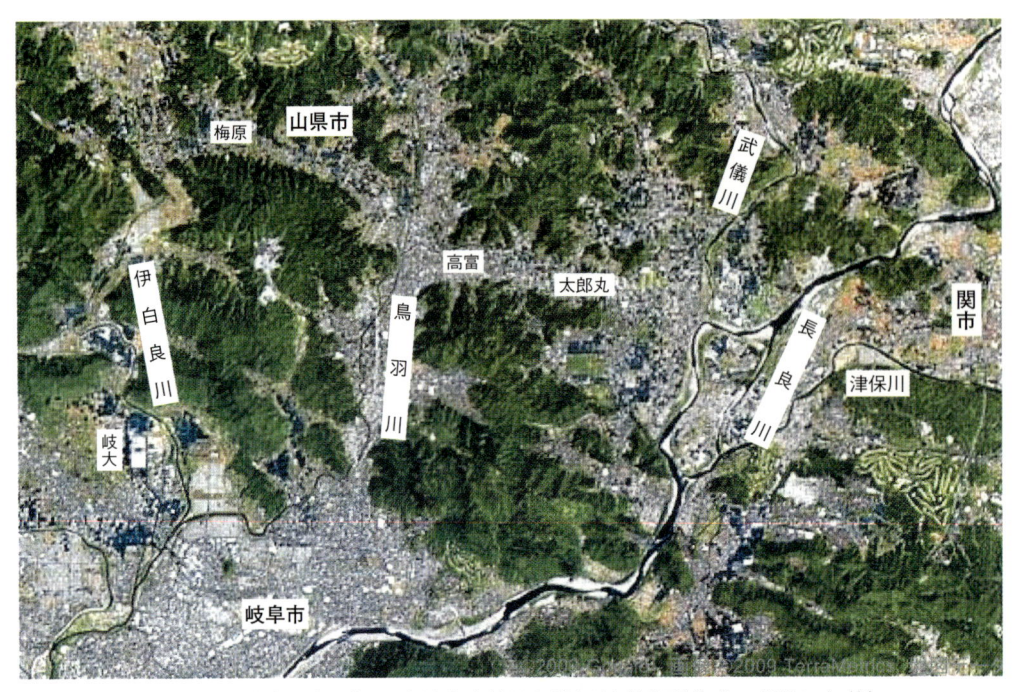

写真 6-1　航空写真（国土交通省木曽川上流河川事務所作成、部分に加筆）

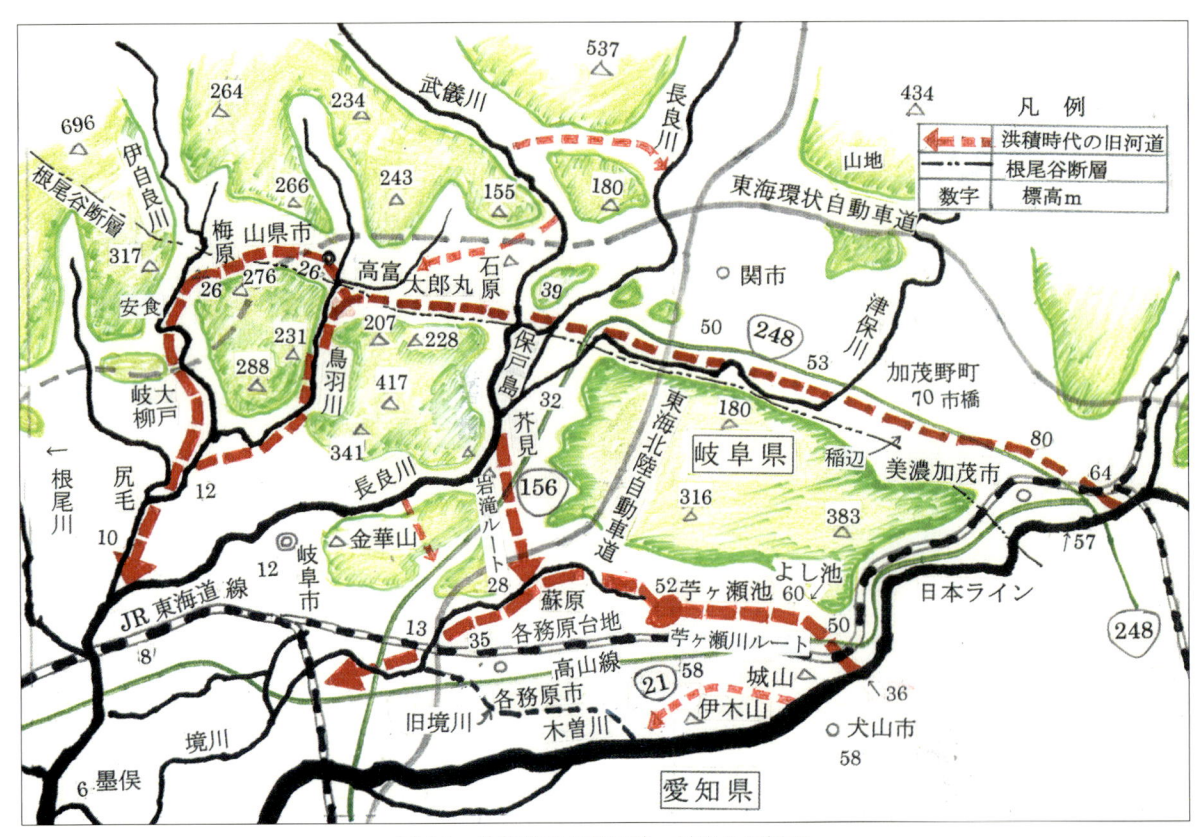

図 6-1　洪積時代の旧河道、見取り配置図

上記の各旧河道に対して、次のような項目について説明する。

◎ 年代について

これらの谷を大河が流れていた年代は、中世までではなく主に更新世と思われるので、議論する年代が岐阜県治水史などとは異なる。それから、更新世の終わりに向けて海面が低下を始めると共に、河床が低下して扇状地が出来、旧河道が洪積台地上に残った経緯について述べる。

図 6-2 ボーリング位置及び断層ルート図 国土地理院 1/25000 図、平成 13 年発行「岩佐」、「美濃神海」、平成 14 年発行「北方」、平成 21 年発行「岐阜北部」部分に加筆

凡　例
- B1, B2　ボーリング位置
- 断層ルート
- T　トレンチ場所

この地図は、国土地理院長の承認を得て、同院発行の 2 万 5 千分 1 地形図を複製したものである。（承認番号　平 21 部複、第 116 号）

◎ 分流について

　古川の旧河道（図 6-2 参照）では、木曽川が美濃加茂市から山県市役所方面へ分流していたと思われる。また木曽川が犬山の方へも流れ、各務原市の上流端付近から北西へ流れる苧ヶ瀬川筋もあったと思われる。これらのように洪積時代は大量の洪水が流れたので、各方面へ分流していたと思われる。

◎ 地盤高

　現在は、古川方向の鳥羽川と伊自良川の中間部にある申子川（さるこ）横断部のみ高いが、これは南の山からの崖錐によることと、東西地域での太古からの陥没傾向のためと思われる[4]。その他、川の下刻作用により洪積台地上に旧河道が残ったことなどを述べる。

◎ 地質

　古川の流れが、東方から流れていた地質上の理由や、苧ヶ瀬川が洪積台地上に残った経緯などを述べる。栗石層があれば、更新世に水流があったというヒントになる。

◎ 地元の言い伝え

　地元に根強く残る言い伝えでは、古川が流れていたとされているが、このことに関して説明を加える。

◎ 地名

　古川沿いに多くある、水に因んだ地名についても紹介する。

　以上のような内容に関し、次節で「地形と地層のあらまし」について記述する。以下、表題の内容にしたがい、旧河道を地域ごとに説明する。

6.3　地形と地層のあらまし

　ここでは、本章と関わる地層のあらましについてまとめておき、断層に伴う陥没地帯の記事については後述する。

　更新世の年代については、熱田（下末吉）海進の最中に各務原層や熱田層が堆積している。名古屋大学の海津教授によれば、この中位段丘面の堆積は 12 ～ 13 万年前から始まったといわれる。そして、その堆積の終わった時は約 7 万年前といわれる[5]。

　熱田海進の海面低下が開始された年代は、5 万年前頃から始まっていたと推察されるが、さらに海面が低下する過程で鵜沼環流をはじめ大曽根層・越戸層などの低位洪積層を残し、ウルム氷河期で海面は最低になった。

　河川の中下流の下刻作用は主に海面低下と共に生じ、河岸段丘が時代毎に残っている所が多い。古代の河岸段丘の成因には台地の隆起説もあるが、主な原因はやはり海面低下によるものと考えられる。

　第 5 章で示した図 5-2 のように、熱田海進が生じた時、前述したように海面は約 25m 上昇したとされる[6]。各務原層・熱田層などの洪積層はその頃に堆積し、その後海面が低下する場合、上下しながら長期間かかったので、河岸段丘に急な崖が出来たとされる。そして、海面が低下するに伴い、洪積層の上を流れていた川は干上がったと思われる。低下する途中で、大曽根層・鳥居松層・鵜沼の低地などの低位段丘が生じた。その後、長良川や、美濃加茂市から犬山市に至る日本ラインと呼ばれる木曽川では、さらに谷を深く削る下刻作用の後に沖積平野が出来たものと考えられる。

　以下で述べる内容は、主に苧ヶ瀬川に関わる各務原台地を取り上げてみたものである。各務原層が堆積し終わった頃には、各務原層と犬山市方面の田楽層（たらが）は繋がっていて、木曽川もほぼその台地の上を流れており、苧ヶ瀬池の方への分流もあったと思われる。そして海面低下と共に下流からの洗堀が始まり木曽川が深くなると、苧ヶ瀬池の方へ流れていた川は干上がり、鵜沼環流を伴いながらなお河床低下が進んだものと思われる。鵜沼環流を生じた円形の低地にも約 6,300 年前に降灰したといわれる火山灰系の黒ぼくがあり、厚さ 10m 余の栗石や砂礫層があるので、それ以前に環流は収束して低位段丘を残し、その後に狐塚の石棺を含んだ古墳が造られたものと思われる。鵜沼環流とは、更新世の後半に、木曽川の水が環流をしながら円形に河岸段丘を削って

第6章　10万年前の旧河道

いった現象をいう。

　黄色もしくは黄土色のシルト層は、木曽川下流の各務原台地にも表土である黒ぼくの下に0.5～1m前後の厚さで広く堆積している。目視では軽石は見当たらないが、分析すると細砂分が約33％含まれており、一般的にこの土は火山性の降下灰及び流下物といわれている。また各務原市南部の前渡東町の段丘南端の崖では、上部の厚さが3～4mある砂層の中に砂利や軽石が混在して露出している。これは黄土色のシルト層の下層と見られる。

　一方、約5万年前の木曽御嶽山から噴火した堆積物が、洪水と共に泥流となって流下し、美濃加茂市加茂野町の東部・可児市下恵下・各務原市鵜沼西町・犬山市犬山城西[7]などの中位段丘の上段に堆積した（図6-3、

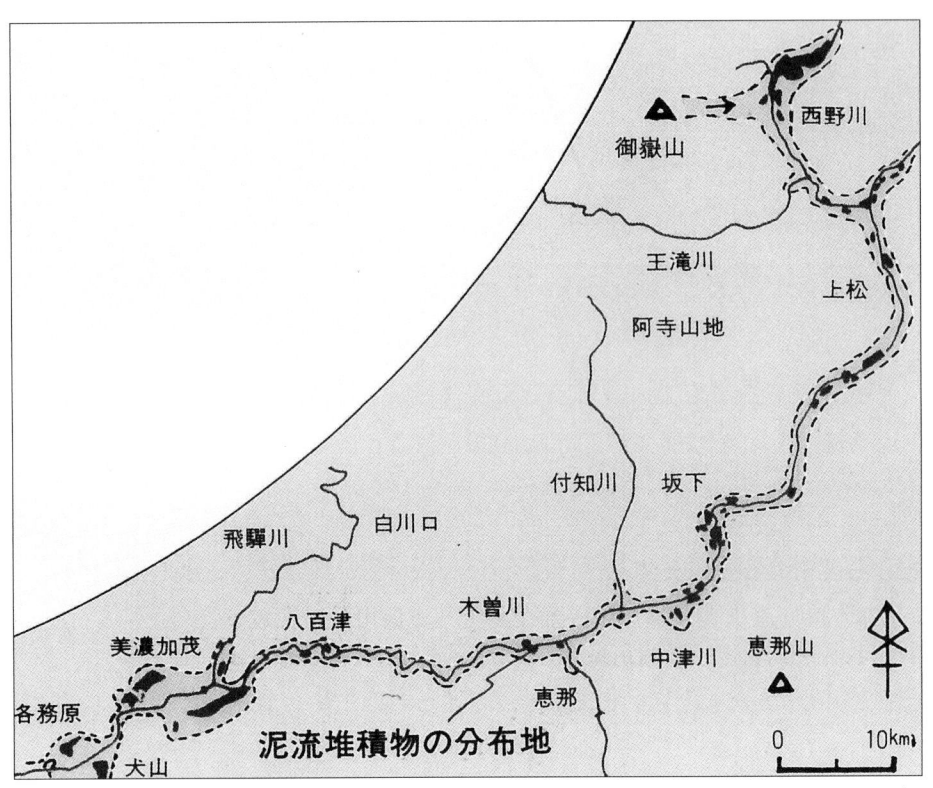

図6-3　御嶽山からの泥流分布状況（「大地の生い立ち美濃加茂」美濃加茂市、1994.より）

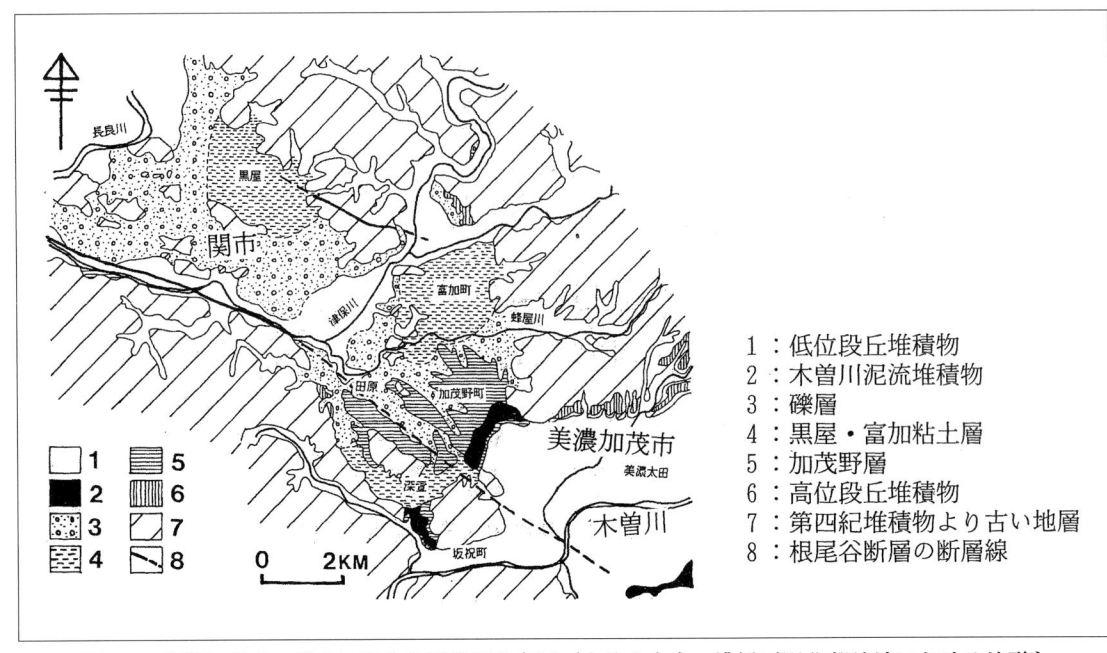

1：低位段丘堆積物
2：木曽川泥流堆積物
3：礫層
4：黒屋・富加粘土層
5：加茂野層
6：高位段丘堆積物
7：第四紀堆積物より古い地層
8：根尾谷断層の断層線

図6-4　美濃加茂市・関市に関する洪積層分布図（小井土由光、濃尾平野北部地域における地形と河川流路、木曽川学研究2号、p.49、2005.）

図6-4)。これは木曽川泥流堆積物といわれ、凝灰角礫岩という脆い岩となっている（写真6-20)。木曽川泥流が襲った年代は、泥流の地層中にある木材を調べた結果から分かったとされる。このことは、当時から木曽川は現在の日本ラインのコースにも流れていたことを表す。木曽川泥流のことは後の6.4節でも述べる。

御嶽山の泥流が流れた詳しい年代は4万8千年前といわれ、各務原市鵜沼西町の泥流の堆積状況を見ると、中位段丘である各務原面の下方、約1mから4m間の厚さ約3mが泥流堆積物である。美濃加茂市の方でも、図6-4のように中位段丘の崖に付着している。この頃の中位段丘は、堆積が終わり海面と共に水面が低下し始めた頃と考えられる。段丘が4mくらい出来た段階で、木曽川泥流が押し寄せたと思われる。

従来、熱田層や各務原層は5万年前〜3万年前の間に堆積したといわれてきた。木曽川泥流の年代も、約2万8千年前といわれてきたが、近年上記のように訂正された。

次に、黄土色のシルト層についての考察を加える。火山系の関東ローム層は粘土化した火山灰で赤色であり、後述の九州鬼界カルデラの降灰は橙色、始良（あいら）カルデラは黄白色といわれている。この中、後の2件は、九州から風に乗って来て中部地方に各々10cm前後堆積したといわれている。後述のように、黒ボクに覆われた所で堆積しているようである。東濃地方の太郎丸や各務原に堆積している黄土色のシルト層は、厚さが0.5〜1m前後の厚さであるので、下層は御嶽山から流下した火山灰と推定される。御嶽山より噴火した火山灰や軽石（まとめてテフラと呼ばれる）は、卓越した西風あるいはジェット気流に乗って東方へ堆積したといわれている。御嶽山東方の木曽川流域に堆積した火山灰が流れて来て、古い方は砂利・砂・軽石を含んだ3m前後の地層を各務原層に残し、新しい方が、その上に細かい黄土色のシルト層を太郎丸や各務原に堆積したと思われる。

6.4　山県市を流れた木曽川分流—古川

(1) 美濃加茂市から関市の長良川まで

約10万年前に、木曽川分流は美濃加茂市〜加茂野町〜津保川沿い〜岐阜市太郎丸〜山県市高富〜岐阜市西部へ流れていたといわれている[2]。その根拠は、この経路の中にある加茂野町や岐阜市高富で、黄色い更新世の軽石層が確認されたからである。また、美濃加茂市から関市に至る中位段丘上には、約5万年前の粘土層・御嶽山の軽石を含む砂礫層などが堆積しているので、当時この間を木曽川が流れていたといわれている[8],[9]。現在、木曽川泥流は美濃加茂市の中位段丘を登りきらず、段丘で止まっているようである。木曽川泥流の底面が、中位段丘の加茂野面より低いということは、泥流が流れた時点では、既に木曽川の河床はその分低下していたことになると思われる。加茂野町の中位段丘上へ行って見ると、国道248号に平行して南側に帯状の低地が続いている。その低地は、市橋と稲辺の間から津保川へ向かっている。

岐阜市太郎丸字新屋敷の骨材採取状況を見たところ、前述の各務原市と同様の黄土色のシルト層が表土の下に認められた。このことは、木曽川の分流が約5万年前まで太郎丸新屋敷を径由して流れていたことを表すと思われる。

木曽川が美濃加茂市から分流した原因は、日本ラインの谷が狭かったことにもよると考えられる。大量の洪水は、日本ラインの川幅では収容できなかったと思われる。勿論、水流は低い方へ流れるので、当時の地盤高は関市方面と日本ライン方面とで大差はなかったようである。

美濃加茂市には、関市方向へ進むと高低差10m余りと5mほどのものなど河岸段丘が数段ある。中位段丘面上にある加茂野町の現在の標高は80mほどあって、低位段丘面上の美濃加茂市役所付近は標高約64mである。国土交通省木曽川上流事務所によれば、太田橋付近の木曽川平水位は、約57mであるから、木曽川の水面は中位段丘面が堆積をはじめてから約23m低下したことになる。河川縦断勾配を加味すれば30mほど低下したと考えられる。美濃加茂市の旧地名は太田であったが、他地区にもあるオオタ・オオブ・オオエなどの地名には、地面の上を水が覆う地形の場合がある。

長良川から西方の中屋・石原には、確たる河岸段丘は見当たらない。中屋と石原の間に小規模な段差がある

ようであるが、なぜ河岸段丘が歴然と現れていないか不明である。ところが、約3km下流の同じ長良川でも、岐阜市芥見と岩田西には落差約4mの河岸段丘が認められる。

岐阜県治水史では、1534（天文3）年以前まで長良川が武儀川合流点から西進し、伊自良川まで河道があったことを著している[10]。これが地元で語り継がれている内容である。

これらの説に対して筆者の考えは、古川が流れていた年代はもっと古く、13万年前から5万年前頃までの期間に、木曽川と長良川の分流が高富を流れていたと考えている。したがって、図6-1のように、保戸島で長良川・武儀川と交差することになる。このように、3本の川が交差して、2本の川が流下するというような地形は珍しい。しかし、更新世の栗石を流すほどの大洪水では、直下流が地峡のために一部は現長良川の方へ流れたが、古川方向と後述の岐阜市芥見～各務原市蘇原方面へも流れたと思われる。古川の方向は、複数の根尾谷断層と褶曲による山脈と並行になっている。なお、関市役所の文化課によれば、保戸島の東を流れる今川は、1566（永禄9）年の洪水で出来た川のようである。保戸島の住人の檀那寺は今川左岸の寺であるので、今川は文字通り新しいことが分かる。

(2) 関市の長良川から 山県市の鳥羽川まで

太郎丸の田園部には「楫立山船国寺」という寺がある（写真6-2）が、楫（かい）は船の梶のことである。また、境内には船の航行に因む住吉神社もある。よってこの寺名は、この太郎丸から高富の低地を、太古の時代に船が通っていたことを表すものと思っていた。ところが、太郎丸新屋敷の渡辺勇氏に聞くと、この寺は500mほど北東の楫立山南麓から享保年間（1716～1735）に移されたもののようである。楫立山南麓は武儀川や長良川から約1km西方にあたるが、この寺名は古川に因むものか長良川に因むものかは不明である。それでも以下に述べるように、古川が流れていたものと考えられる。

現地調査をしてみると、太郎丸から高富に至る谷底平地の巾は400～600mほどあり（写真6-3）、この平坦な地域の雨水は西へ流れている。地名を調べてみると、太郎丸やその近辺には楫立山、字野崎、北浦、中島、石原などという地名や山名があり、水と関係深い土地柄と思われる。この付近の地層は、表土約1.5mは黒いシルト、その下約0.5mは各務原層より暗い黄土色シルト層、その下の厚さ約10m以上の栗石や砂利などが太郎丸新屋敷で採掘され、コンクリート用骨材に使われている（写真6-4）。

写真6-2　岐阜市太郎丸の楫立山船国寺

写真6-3　太郎丸の低地を東から西に見る

写真6-4　太郎丸新屋敷の骨材採取跡、正面の楫立山は北東方向

秋葉古道と愛岐地方の旧河道

　前出の渡辺氏に聞くと、太郎丸字中島の県道から岐阜女子大学への交差点南側でも骨材採取の現場を見たといわれた。また鳥羽川から1.6kmほど東方の高富字森にあり、1506（永正3）年にここへ建てられた広厳寺の住職の話では、庭に池を造るときに地下から径10～15cmの栗石が一面に現れたといわれる。改めて筆者が聞くと「この寺の土地は文明10（1478）年に譲り受け、永正14（1517）年に移ってきた。黒い表土の下は黄土色の土で、その下にサラサラの砂が50cmほど有り、地表から1.5mほど下から堅い栗石が出てきて以下は掘れなかった。以前、腰まで浸かる洪水があったので、平成5年に改築した寺を石垣で高くした。南の山には東向きの古墳が多い。ここから西方600mほどの寺洞という所に1340年頃にできた玉洞庵という寺があった」とのことであった。これらのことから、太郎丸から高富の間は栗石が地表下に厚く堆積し、かつ古墳時代から人々が住んでいたことが分かる。

　現地を訪れた時、国道256号と石田川が交差する付近の郵便局南側では下水道工事中であり、その深さ5mほどの人孔は全て栗石であった。この付近の地名は石畑であり、栗石に関わる所と思われる。また、鳥羽川左岸を調査したボーリング会社の技術者に聞くと、「根尾谷（梅原）断層付近から北は黒色のシルト・粘土層であるが、南側は途端に砂礫ばかりの層になる珍しい地帯であるので、研究会で発表した」ことがあるそうである。なお、根尾谷断層は、この古川コースの梅原断層、その西方の根尾谷断層、古川コースの南に県天然記念物の鏡岩を通る三田洞断層の3本の総称である。三田洞断層は、梅原断層と並行しており、三田洞から長良古津を通る。チャートの滑り面が鏡状になっている（写真6-5）。

　前記の渡辺勇氏は、「古川が太郎丸から伊自良川の方へ流れていたという話は、昔から聞いているので小学校で教えている。昭和50年頃の土地改良以前は、太郎丸の北西方向の田園部は低地で沼状であった。自分の記憶では1976（昭和51）年の洪水で一度だけ、長良川の方からの水によりこの付近一帯は床上浸水となった」といわれた。またこの付近は、1815(文化12)年の長良川洪水でも水害に遭っている[11]。このように、近年まで長良川の洪水が時々鳥羽川へ流れたのであろう。しかし、この古川沿いに古墳が造られ、また14世紀初めに高富の玉洞庵が建てられたならば、太い流れは既に無かったと思われる。

写真6-5　鏡岩（三田洞断層）

　鳥羽川左岸の東深瀬地区は高富の北部にあり、次節で述べるように古くからの陥没地帯であり、江戸時代に地区の排水目的で新川が掘られた。1976（昭和51）年の大雨でも冠水したので、1980（昭和55）年からポンプ排水もされることになった。現在、この付近はさらに河川改修中である。

　高富から鳥羽川の谷を下流へ行くと佐賀という所になり、そこには新川の河川断面が残されている。地元の古老から、「新川の河床は幾度となく盤下げが行われ、その折、大量の栗石や砂利などが出て山積みにされていた」などの話を聞いた。また、西側の洞ではバイパス工事のときに田圃の約5m下から丸太が出土し、その保管されている場所を探して見たところ、黒色の直径40cmほどのクヌギ系のもので、古代に流れてきたものと思われた。

　この項のまとめとして、高富を西流していた古川の大部分の水は、鳥羽川沿いの谷を流下したと考えられるが、この谷の入り口は両側の山から土砂が埋まり易く、1976年の洪水時も高富以北が湖になったので、一部分はさらに西進していたことも考えられる。長良川から鳥羽川までは栗石や砂礫層が10m以上堆積しているので、古川には激しい掃流力があったと思われる。この谷の状況が写真6-6である。1893年の濃尾地震直後の写真6-7を見ると、東深瀬地区には、家は一軒も見当たらない[12]。その後、なぜこの浸水の虞が多い東深瀬地

第6章 10万年前の旧河道

写真 6-6　鳥羽川・新川・石田川合流点から東方

写真 6-7　断層北部の東西深瀬地区に300ha余の湛水（濃尾地震）[12]

写真 6-8　ポンプ場から見た東深瀬の宅地状況（正面左側から新川が流下して来る）

写真 6-9　鳥羽川と新川合流点付近の1976年洪水状況（現地掲載写真）

区に、家屋が密集したのであろうか。

なお、東深瀬の東浦に百間堤という、東西に延びたダムの役目を果たす堤防が築かれていた。この堤防は、東深瀬に急激な洪水をもたらさないためのものであったが、1699（元禄12）年に上流の地区との水争いがあったといわれる[13]。

写真6-6に写っている手前の高富地区やその左の東深瀬地区は、根尾谷（梅原）断層の北側の陥没地帯（写真6-7, 写真6-8, 写真6-9）で、現在、家屋が軒並みに建っていて豪雨の時には浸水の危険があり、震災も受けやすい土地柄と思われる。写真6-7は濃尾地震[注1)注2)]直後のものである。写真6-8は、家が多く建ち始めた東深瀬の風景である。写真6-9は、1976年の洪水時の状況であり、写真6-6の左側に当たる。このような低湿地で沈下傾向の東西深瀬地区では、水害・震災のおそれが強いので宅地造成規制区域を設けるべきである。

ボーリングによる地質調査結果は、後の図6-6, 図6-7に一括して示す。ボーリングの箇所はＢ１～Ｂ12まで図6-2に示した。これらの地質調査結果と現在の標高を参考にすると、熱田海進の時には古川筋へ海進の影響があったと推定される。その理由は、高富や西深瀬の標高が26m前後であり、かつその後の堆積量が大略20m前後認められるからである。

(3) 鳥羽川から伊自良川まで
a）現在の分水嶺付近まで

　鳥羽川から西は山県市西深瀬、梅原で、この地区の約 3km 区間の排水は、現在、東へ向かって緩い勾配で流れており、鳥羽川流域になっている。この流下方向は、説明しようとしている古川の流れと逆方向であるが、次に述べる断層地帯及び崖錐地帯であるので、長い年月の間に変動していると思われる。根尾谷断層の北側では、図 6-1 のように、武儀川から伊自良川まで各山の高さも低いように見受けられる。

　太郎丸から梅原を結ぶ谷は、根尾谷断層にほぼ沿っており、この断層線の北側に当たる東西の深瀬地区は昔から陥没傾向の所であった。この地区の排水について、次のような記述がある。「寛文元年（1661）年に東西深瀬地区の排水が悪いので、鳥羽川の川浚えを行った。そして新川を掘った。それでも効果がなかったので、元禄17（1704）年、さらに掘り替えて新川を延長した[14]」とある。このことは、1891（明治24）年の濃尾地震以前から、この辺りは陥没傾向であったことを表す。濃尾地震では約 2m 沈下したために、写真 6-7 のように東西深瀬地区には 300ha 余の湖沼が出来たといわれる。なお西深瀬地区は鳥羽川の西にあり、山県市役所は鳥羽川の西方約 500m の田園部にある。

　このため、西方から鳥羽川へ流れる三田叉川（さんだまた）は、この濃尾地震後から周囲の陥没により鳥羽川へ自然流下しなくなり、サイホンで一旦鳥羽川の下を潜り（写真 6-10）、1893（明治26）年にさらに深く掘られた新川へ入れてから約 2km 下流で鳥羽川へ放流していた。

　前出の高富町史の付図には、1888（明治21）年から1967（昭和42）年まで使われた地名が載っている。それによると、山県市役所の付近に「船ツケ」、その南に高木字「河原」、あるいは通称「浦町」という所があった。このことは、船着き場があり、河原があるほどの川が流れ、浜辺があるくらいの湖があったことを表すのではないかと思われる。

　現在、三田叉川の下流部で国道256号バイパスの三田叉橋の工事中である。ここを見学すると、橋台の杭長は

写真 6-10　鳥羽川の下を潜る三田叉川サイホン
左上は東深瀬にある富岡ポンプ場（2009年撮影）

約 40m であり、その深さ分が後に掲載するボーリング柱状図（図 6-6、図 6-7）の B7,B9 に示すような軟弱な堆積層で、地下約 52m で岩盤層に至る。つまり、東西深瀬地区は濃尾地震以前から陥没していたことを表していると思われる。深瀬という地名からも昔からの堆積層の深い湖だったことが想定される。西深瀬字東浦という所は、現在の西深瀬でも北東の鳥羽川沿いの旧地名だが、浦といえば海か湖があった地名ではないかと思われる。海がこの辺りまで来たとするならば、それは熱田海進の時になる。現在の西深瀬の標高は、長良川河口から約 50km だが 26m 弱である。

　西深瀬地区の水田は下流がサイホンのために、強雨の度に湛水する。そのときに、同地区の川田正信氏は川魚を捕って水槽に飼っている。氏に聞くと、水槽の中の魚の種類は、フナ・ナマズ・ニゴイ・タカハヤ・アブラボテ（タナゴの一種）・大陸バラタナゴ・モロコ・オイカワ・カワムツ・アブラハヤなどといわれる。中でも筆者も見たナマズは、長さが約 45cm あった。三田叉川には、他に、ドジョウ・メダカなども居るそうである。ロシアのバイカル湖ではアザラシが棲み、アフリカのタンガニーカ湖にはイワシが棲むといわれるが、西深瀬の魚類は、湖があったためかどうか分からない。

　西深瀬地区（写真 6-11, 写真 6-12）でも、巾が 500m ほどある田園部の南側（根尾谷断層の南）には、地元

第6章 10万年前の旧河道

の人に聞くと田圃の下に円礫があるそうである。

なお、山県市役所東の県道鳥羽川橋（ボーリング記号B10）・国道256号の三田叉橋（B7）と市道の橋（B9）・市役所西（B6）などでの地質調査の結果、地表下約40mに砂礫層があり、その上に累計厚さ約10mの火山灰層が確認できている。この火山灰層は、層の厚さが2層あり、この時期の噴火は木曽御嶽山しかないので木曽川から流れてきたものといわれる。時期は、下記のとおりであるが、少なくともこの頃、古川が美濃加茂市から鳥羽川まで流れていたことになる。なお、ボーリング位置は図6-2に示し、柱状図は図6-6,図6-7に概略を書き写す。

上記の4箇所あるボーリング資料は、どれも地下約10m～23mの間に火山灰層を示している。さらに、地表から約40m以下に堆積している基底礫層は、ボーリング資料に約13万年前のものという記述がある。

次のような報告もある。「B11とB12の中間の礫層から出土した埋もれ木は、約1万7千年前のものである。この根尾谷（梅原）断層の北側は、基底礫層が堆積した13万年前から湖と湿地の繰り返しであり、約9～10万年前には御嶽山からの軽石混じりの流下した砂が10～18mの厚さで堆積し、少なくとも13万年前から32m以上陥没している」といわれる[15]。したがって、古川が美濃加茂市から鳥羽川まで流れていた期間は、今までの記述を総合すると、約13万年前から約5万年前までということになる。古川の主流は高富から曲がって鳥羽川筋を南流し、その北側の東西深瀬地区は湖とか湿地状の期間が長かったので、有機質シルト・シルト・細砂・粘土・火山灰などが、厚く堆積しているものと思われる。

鳥羽川から西方へ約2km進むと、両側か

写真6-11 西深瀬は正面の水田部から左前方（市役所南の消防署から西向きに撮影）

写真6-12 西深瀬の陥没地帯は県道から低く見える、左が西

写真6-13 西深瀬上空から伊自良川方向を見る、参考文献[15]の口絵（1987年撮影）、矢印は梅原断層方向、上方の地峡部は荒瀬大明神、分水嶺、山ケ崎で、その向こうは伊自良川の谷底平野

ら山が迫った地峡がある（写真 6-13）。ここが西深瀬と梅原の境で、二ツ橋というバス停がある。西深瀬字小脇の岡山隆男氏（1924 年生まれ）にこの辺りのことを聞くと、「祖父から昔の川が東から西へ流れていたと聞いている。川の南側で井戸を掘ったが、表土の下は粘土で、地下 10m くらいから白っぽい堅い砂利があり、水は出なかったので井戸をあきらめた（図 6-6、B5）。谷底平地の北側が栗洞で、そちらは腐植土層である。ここの栗洞では田圃の約 50cm 下には、最大直径 1m 余の埋もれ木が何本もある。埋もれ木は時々トラクターに当たるが、株は見あたらない。また、三田叉川沿いに字川下りという地名がある」などの話を聞いた。この話の中の埋もれ木は、前述の 1 万 7 千年前と同類と思われる。西深瀬字小脇の地峡の北側に荒瀬（小脇）大明神がある。この社の説明板には、「昔、長良川が梅原を通って伊自良へと流れていた時、この辺りで川が山にぶつかり、急に曲がっていたため船がよく沈んだので、船の安全を祈って明神様を祀ったといわれている（山県市教育委員会）」とある。地元に根強く残る伝説が文字に現れている。

鳥羽川から約 2.4km 西方では、擁壁の工事中に田圃の下から砂利混じりシルトが見られた。鳥羽川から約 2.5km 西方の分水嶺近くに高圧線の鉄塔がある。この工事のボーリング結果を地主の加藤誠一氏に聞くと、図 6-6 のようであったそうである（B4）。梅原小学校校長で理科が専門の三原隆雄氏は、この作業中の砂利層を見て、やはり昔に川が流れていたのだと確信して帰ったそうである。この砂利層については後述する。

b）現在の分水嶺から伊自良川方面まで

鳥羽川から約 3km 西方には堤防が谷を横断しており、ここが現在の分水嶺となっている。この堤防の上部には水路が流れ、これが申子川（さるこ）である（写真 6-14）。

山県市役所生涯学習課の長屋氏によれば、この堤防は明治 43 年に南から北へ申子川を流すために人工的に盛ったもののようである。堤防状に盛られた高さを測定すると約 4m である。そこを越えると地形は伊自良川の方へ傾斜している。この分水嶺の付近では畑や宅地が埋め立てられている。低地の幅が 20m ほどであり現在では最も狭い谷底平地である。申子川の最上流に住む川田真市氏によれば、「この沢の出口付近から低地に向かって、地下地盤の大半は崖錐のようであり、このために地盤も傾斜している。自宅より奥に神社や民家があったが、沢から土砂が流れてくると恐いので引っ越した」そうである。現地を見ても、申子の沢から想定すると古川の低地へ向かって農地が傾斜し、堆積土砂が積もっているように見える（写真 6-15）。この傾斜地形は、濃尾地震

写真 6-14　分水嶺の堤防の上は申子川

写真 6-15　正面右が申子の崖錐による傾斜地形、梅原字東沖から

より古いものと思われる。なぜなら、根尾谷断層の痕跡がこの傾斜地の途中に残っているからである。

分水嶺近くの南側に住む荒木勉氏は、家を造るとき井戸を掘った。そのデータによると、図 6-6, B-3 のようであった。粘土の下、即ち地表から 25m で砂利層になり、地下 41m まで掘ったが、その手前の風化砂岩の中

第 6 章　10 万年前の旧河道

ヘストレーナーを入れたそうである。この図中、石というのは岩屑のことと思われる。またこの地層の中、地下 20～25 m に堆積する黒色砂利は、前述の約 13 万年前の基底礫層と推定される（B3）。この地層から推定されることは、分水嶺の場所にも 13 万年前は川が流れ、その後流れの緩やかな湖に粘土が堆積し、その中に崖錐が混じったものと思われる。地質調査結果でも、この地域は崖錐が所々あることを報告している。

　梅原字申子の分水嶺西側の畑にいた川田一郎氏に聞くと、「畑の下はガラガラの石が混じった土砂であり、申子川から流れ出たもので、この土砂が分水嶺両側の田圃にも埋まっている。この石はココ石といっているが、耕作の邪魔だから畑の隅に積んである。申子の東にある梅原字上洞（じょうぼら）からも農地へ流れ出ている。最近は砂防堰堤が造られたので土砂は流れてこない」などの話を聞いた。この中で注目すべき話は、分水嶺付近の土地は崖錐が堆積しているから地盤が高い、という内容である。だから崖錐が堆積する以前はこの分水嶺はもっと低かったことになる。ココ石とは「粉粉石」であり、粉々に砕けた石であるといわれた。つまり崖錐のことで、畑の隅に耕作に支障となるので積み重ねてあり、石質は砂岩と見られた（写真 6-16）。

写真 6-16　分水嶺南西の畑に積まれたココ石

　県道北側の梅原字中村の元教師であった高屋正氏（1930 年生まれ）に聞くと、「私は学生の頃、太郎丸の方から伊自良川へ流れていたという旧河道について、原稿用紙 20 枚ばかりの論文を書いたことがある。山県市役所の南西の山が突き出た所は俗称松ケ崎と呼ばれた地名があったが、これは湖に突き出た所だと思う。申子から西は東沖だが、そこから西方の水田の下には粘土層が厚い。この集落には瓦屋があったが、大正時代までは盛んに粘土を掘った。山ケ崎の東に航行の安全を祈る金毘羅さんを祀った祠があったが、金毘羅さんは太郎丸方面にも数多くある。金毘羅さんの東の地名は木の本といわれ、大正時代に埋もれ木が見つかったので地名の謂われが分かった。樹木は粘土や有機質シルトの軟弱層では自生するはずが無く、埋もれ木は流れてきたものと思う」などの話を聞いた。埋もれ木は、どこから流下したものかよく分からない。粘土が堆積しているということは、流れの少ない湖のような状態であった可能性が高い。伊自良川も流れていたはずだから、流れのある湖状であったと思われる。

　ここで、現在の地盤高の関係を考察する。国土地理院 1/2 万 5 千図を参考にすると、岐阜市太郎丸約 34.8m─山県市役所付近 26m─申子川横断部約 32m─伊自良川付近の田圃 26m─安食 18m─岐阜大学 12m などである。分水嶺の申子川横断部の高さは、盛土する前の推定地盤高である。

　西深瀬は、前述の地質調査結果によれば、大陥没地帯であるので更新世の地形は現地盤より高かったはずである。また申子川横断部付近には、崖錐が堆積していると共に、濃尾地震時の断層遺跡を見ると水平移動のみであったから、この付近の沈下量は少なかったと思われる。後述のように、古川ルートの伊自良川近くも少し陥没地帯である。したがって、両地区が高かったならば、伊自良川の方へ緩い古川の流れがあったと思われる。

　地名の謂われを調べると、昔の地形を物語っている場合がよくある。荒瀬大明神の荒瀬という地名は、激しい水流を表すとも受け取れる。梅という字のつく地名は、大阪の梅田のように低地を埋めた場合があるといわれる。だから梅原は、上洞や申子の山から崩れた土石が埋まった所を表す地名と思われる。申子も地名語源辞典にあるように土地が滑り去るのサルから名付いた可能性がある。また梅原字西沖にある、北方の山が突き出た所を「山ヶ崎」という。これは、山が湖に突き出ていたことを表すのではないか。洪積時代の地形が地名に残っているという事例は他地区にもある。例えば矢作川では、第 5 章 (2) a) で事例を述べた。また根尾川筋の標高約 22 m 付近に船来山（ふなきやま）といわれる山があり、これも熱田海進の時に舟が着いたことを表す事例と思われ

る。他地区でいうと、田原市浦の笠山の場合は、砂利のある麓の標高が約18mであり、近くの笠島山西光院という寺の名前からも熱田海進の時に島であったことを表している。第5章で参考にした『愛知県の地質・地盤』1980の付図でも各務原層と同じ中位段丘とある。

岩利の宮部博氏によれば、「梅原から伊自良川方向へ古い川が流れていたと聞いている。申子の場所は山側から土砂が崩れている地形だと思っている。申子以西の東沖や西沖には表土の下に粘土が堆積し、これを瓦用に運んだ。粘土の下には細かい砂利を含む。東沖の田圃の50cmほど下に丸太があるが、根っこは見つからない。七日市には、明治29年の洪水で川が埋まるまでは下流からの舟運があり、船着き場が大変栄えて市場が開かれていた」とのことである。二ツ橋付近から分水嶺を越え東沖まで、地下には粘土とその下に砂利があることは、約13万年前に川が西方へ流れ、その後は東西が陥没し、流れの少ない湖になったことを表すものと思われる。

c) 地質に関すること

伊自良誌によれば、この付近の伊自良川沿いの平面的な地形は、反時計方向に1200mずれた断層地帯だといわれる。これは、地質時代のことと思われるが、岩の質を調べた結果、東が北方へずれた量をいっている。

古川が伊自良川の谷で折れ曲がる付近の農地一帯でも、濃尾地震により陥没を起こして湖水が出来ている[16]（写真6-17）。この位置は図5-2の梅原字高田越切断層近くの⊤印の場所である。このトレンチの地質断面図によれば、火山灰の層が2層ある（図6-5）。この図のAhは、約7300年前の九州屋久島北北西40kmほどにある鬼界カルデラの噴火によるものであり、ATは、約2.6～2.9万年前の始良カ

写真6-17 濃尾地震の陥没状況（梅原字山ケ崎の西）断層付近の陥没部が湛水している[16]

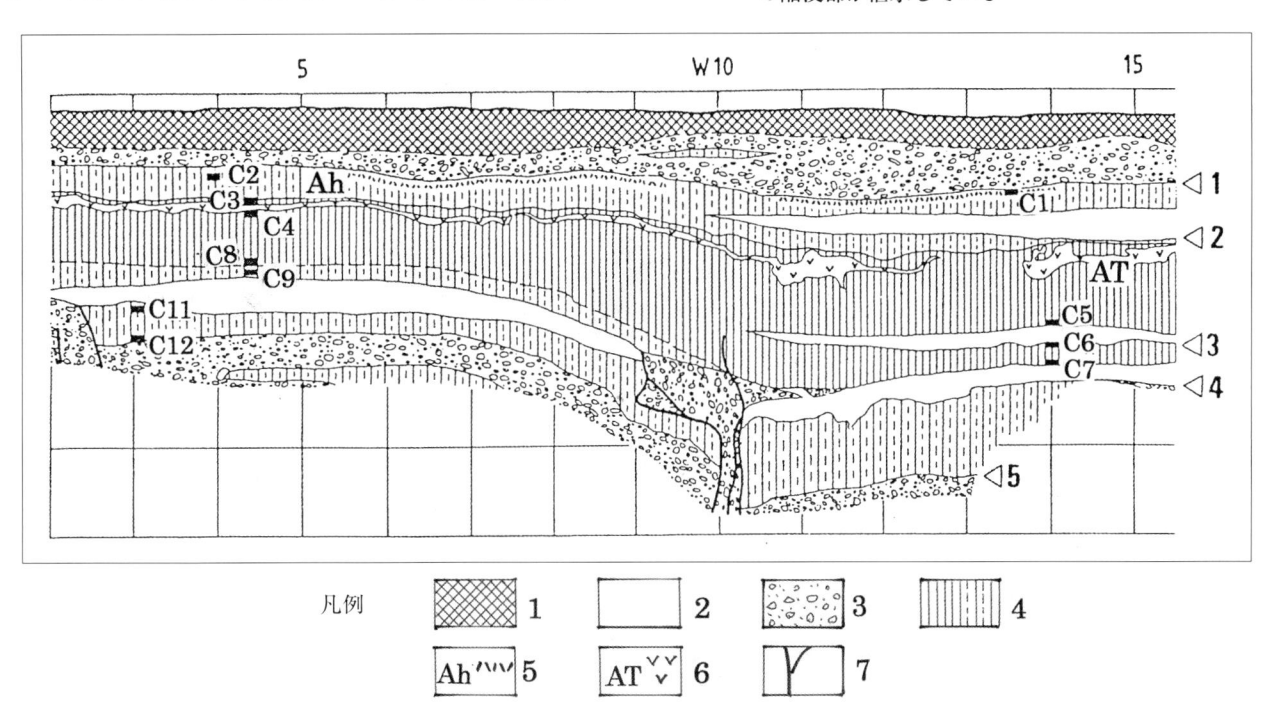

1：耕土層、2：粘土～シルト層、3：礫層、4：炭～腐植層、5：Ah火山灰、6：AT火山灰、7：断層、C1-C9、C11-C12： 14C年代測定試料採取点
C1:6160（7300）, C2:6950, C3:17000, C4:17800（27000）, C5:24000, C6:27000, C7:30800, C8:32300, C9:27000, C10:27000, C11:29200, C12:30700年前、

図6-5 ⊤印、梅原字高田の根尾谷（梅原）断層断面図[19]

第 6 章　10万年前の旧河道

ルデラ即ち鹿児島湾最奥部の噴火によるものとされている[17]。図6-5にこの文献[17]の年号を括弧内数字で加筆した。トレンチの場所は洞の最奥部だが、礫や粘土が行き届いている。礫が堆積していることは、その当時流れが速かったことを表す。なお、この地区の地震は、2万年前・2万8千年前・それ以前に3回あったとされている。

Ⓣ印に近いB8は、腐植土層の中に砂礫層を含むので、沼状の時代が長かったことを表し、またこの洞の深い所まで砂礫が水流によって回り込んでいたことが分かる。

火山灰は、卓越する西風あるいはジェット気流に乗って東方へ運ばれ、中部地方ではAhが約9cm、ATが約12cmの橙色や、黄白色のものを堆積させているといわれる。そしてこれらの灰は、湿地や湖にあるいは風化作用の少ない黒ボクが覆った所に残り易いといわれる[18]。

写真6-18は、現在も残る数少ない断層地形といわれる所である。南から撮影したので、右側が北東方向になる。この場所には北西から南東方向へ高低差2mほどの崖が100m以上続き、写真左側の桧が沈下し、その左の根は浮き上がっている。この桧は直径30cm余りであり、樹齢は40年前後と見られるので、濃尾地震後も右側が沈下している可能性がある。右の桧は樹齢100年以上と思われるが、幹が不自然に曲がっている。これは育つ過程で地盤が変形したことを物語ると思われる。この辺りの桧を見ると、ほとんどの木が曲がっているので、地盤の変形が激しい所という可能性がある。

古川が梅原で折れ曲がって伊自良川と合流し、南方の谷底平地への入口は幅が約250mである（写真6-19）。写真撮影場所は栗石や砂利を採取している場所である。

その下流へ行くと、伊自良川沿いの谷の巾も200〜500mほどあり、平らな田園地帯が帯状に続くが、田圃の下の土質は粘土といわれ、大森や佐野地区ではその粘土を使った瓦屋があったといわれる。梅原字七日市では、今でも水田の表土下にある栗石・砂利などの骨材を採取している業者がいる。この栗石は伊自良川を流れてきたものの可能性が強い。

梅原から南下した安食（あじき）南部の農道橋のボーリング資料では、岩盤までの深さは約36mである。これは他のものと同様に概略を書き写して、図6-6のB2に添付している。

この地層の中、粘土質シルトが火山灰系だという見方があるがはっきりしない。岐阜市柳戸にある岐阜大学北側の地質調査結果B1によれば、火山灰を含む累計の厚さは13mほどである。現在の鳥羽川合流点まで約1.2kmあり、旧鳥羽川はもっと南にあったが、農地を確保するために現在のように北方の山すそへ移されたようである。このような地形であるが、火山灰系の土砂が伊自良川を流れてきたものか、鳥羽川から逆流してきたものかよく分からない。

写真6-18　梅原高田の越切断層

写真6-19　七日市から南方の谷底平地への入り口

秋葉古道と愛岐地方の旧河道

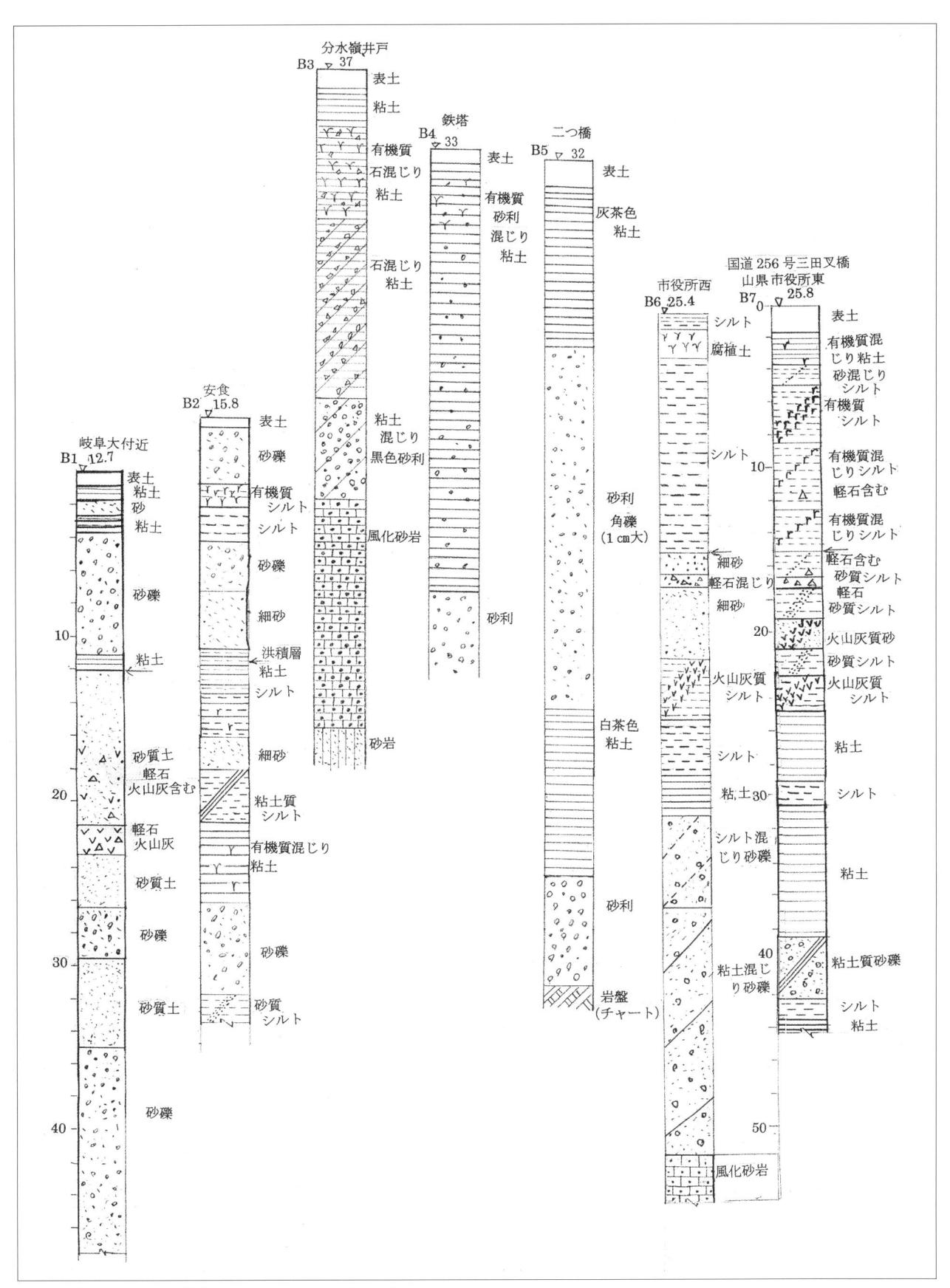

図 6-6　ボーリング柱状図その1、ボーリング箇所は図 6-2 を参照（B2 は伊自良川農道橋右岸データ、B4 は聞き取り、B5 は文献[1] p17 より、B6 は市役所西のデータを略記、B7 は県データの略記、←は洪積層上面を示す

第 6 章　10 万年前の旧河道

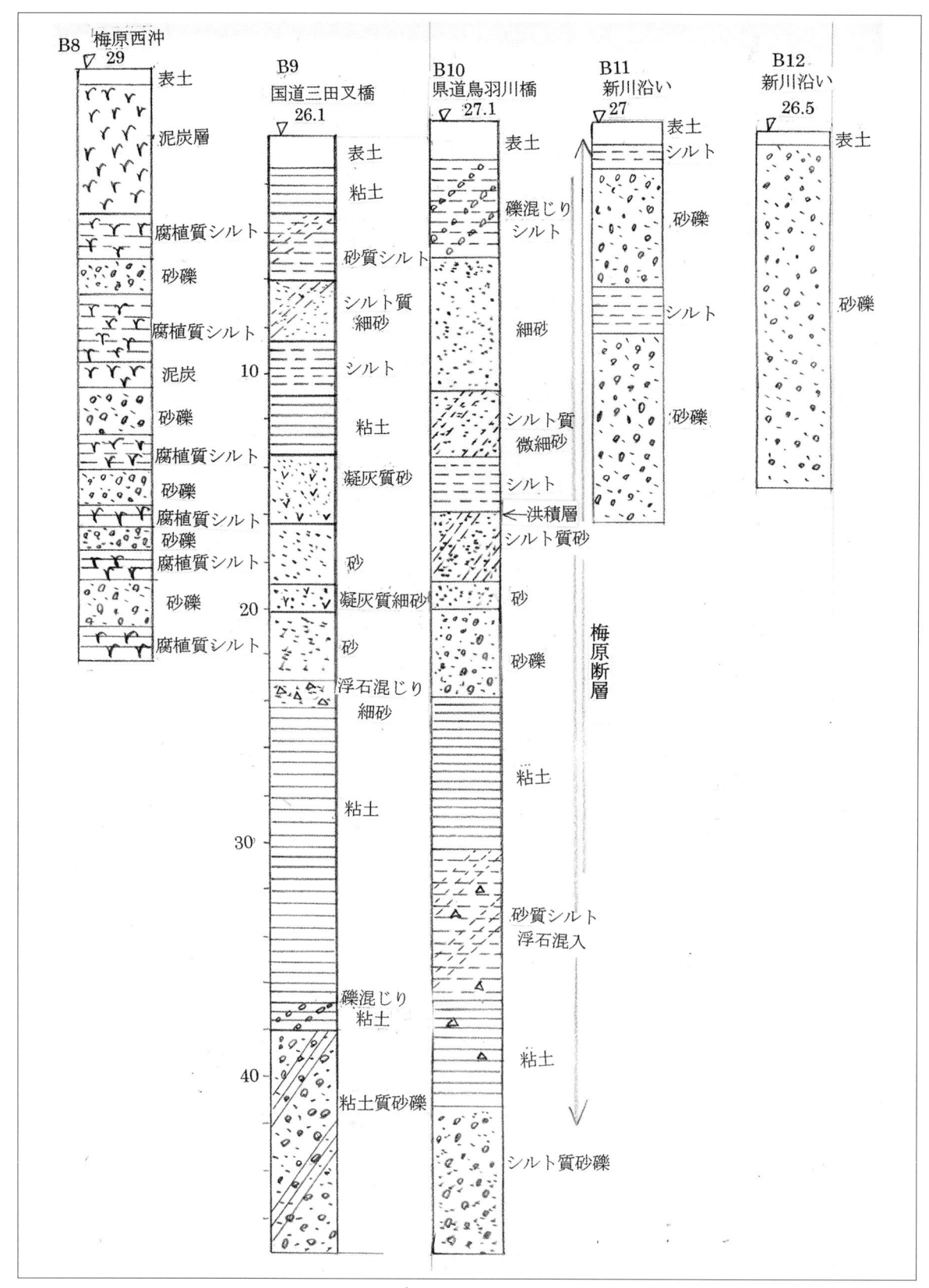

図 6-7　ボーリング柱状図その 2（B8 は文献[15] p.242 より、B9,B10 はボーリングデータの略記、B11,B12 は文献[15] p.246 による）梅原断層を境にして、礫層が上下に約 32m ずれている　AT は姶良カルデラ噴火物、←は洪積層の上面

ボーリング B1, B2 によれば、伊自良川下流部では地下約 35m までシルト及び砂層であり、軟弱層が墨俣方向へ向けて続いているようである。

　また、古川の旧河道から北側にあたる山県市西深瀬字尾ヶ洞（旧東浦）のボーリングデータ[20]（B13）を参考に図6-8として載せる。この場所は、古川の旧河道から外れているが、よく見ると古川のルートと同様の堆積土砂がある。そして、地下 16m ほどの所からは軽石質層もあり、古川ルートの山県市役所付近と同様の火山灰質土砂が堆積している。このことは、この付近一帯が湖になっていて浮遊し堆積したものと考えられる。このように、谷の奥まで砂利やシルト層などが堆積している状態は、B8や図6-5のようなトレンチ箇所でも見られる。これらも、当時はこの地帯が湖であったことを表すと思われる。

　そして、現在の山県市のハザードマップを見ると、西深瀬字尾ヶ洞（旧東浦）から東深瀬一帯は、2～5m という最深の浸水危険地帯と表されている。現在、高富付近の河川改修中であり、工事が完成すれば浸水深さの軽減されることが考えられる。しかし、第6章で述べたように、この付近は江戸時代から改修のくり返しであり、最近では数年前にも改修された形跡がある。陥没傾向は続き、対策には苦慮される土地柄と思われる。

　鳥羽川と、伊自良川の交点付近はB1の岐阜大学付近になり、ハザードマップを見ると浸水深さが5mの表示である。岐阜市内で最も危険な地域とされている。ボーリング結果では、地下47mまでシルト・砂利・火山灰・砂などの軟弱堆積層が表されている。

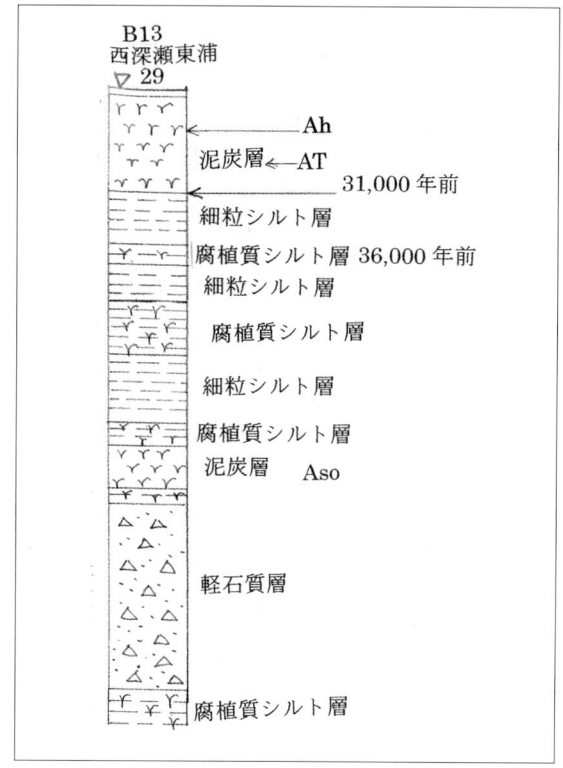

図6-8　山県市西深瀬尾ヶ洞（東浦）の地質柱状図[20]

（4）古川のまとめ

　前記のように、13～5万年前頃までの間には、木曽川の分流が美濃加茂市～関市～鳥羽川の間を流れていたことは明らかである。鳥羽川の上流からの流れは、深瀬の陥没地帯では湖や湿地などとして淀んでいて、古川の流下物もここへ堆積したことが考えられる。

　鳥羽川から伊自良川までについては、現在、申子川の分水嶺付近は南側の沢からの崖錐が堆積して高く、一方、鳥羽川の深瀬地区や伊自良川の根尾谷断層付近は、陥没地帯であり低くなっている。したがって、約13万年前～約5万年前の間には、大量の水が流れて砂礫が堆積し、その後の陥没により湖のようになって流れが緩やかになり、粘土が堆積したものと考えられる。この場合、東西に走るこの付近の山脈は、我が国でも代表的な褶曲地帯なので、古川が伊自良川と合流し七日市の谷から岐阜市街地方向へ水が流れ出る場合、この谷は狭く上流が陥没すれば水流を遮る傾向にあったと思われる。

　また、現地で問い合わせた古老の全員が東から西への川を言い伝えている。多くの水に関わる地名や西深瀬と梅原の境にある荒瀬大明神には流れを物語る説明があり、さらに地質調査結果などから考え合わせると水流があったと思われる。また、地名と地質が一致している事が分かる。山県市東深瀬は陥没地帯にも拘わらず、住宅の建築が進んでいるが、宅地としては不適な土地柄と思われる。西深瀬でも近辺に市役所が出来たので、順次建築が進む虞がある。

6.5　各務原台地上の木曽川分流—苧ヶ瀬川

(1) この地域の地層について

　この旧河道は、各務原台地上を流れていた川である。ここでは、6.2で述べた内容と一部重複するが、重要なことであるので、その他の内容を加えて述べる。

　各務原台地は熱田層と同時期に堆積した中位洪積台地といわれ、表土は厚さ50cm前後の黒ぼくと呼ばれる約6300年前に積もった火山灰が主であるといわれる。この時期には既に木曽川の水面は低下していたから、黒ぼくは噴火による降灰を主として有機物の混じった堆積によるものと思われる。その下に黄土色のやはり火山灰系といわれるシルト層がある。この層は各務原層の最後の水成堆積層と、その表面に噴火による降灰の加わったものと思われる。各務原層は、13～12万年前から堆積をはじめ、7～5万年前まで木曽川河口に堆積した洪積層であるといわれている。この堆積期間のほとんどが熱田海進の最中であり、海面が約25m高かったからである。黄土色のシルト層は、ほぼ7～5万年前に主として御嶽山の火山灰系のものが堆積したといわれる。各務原市の船山南麓に堆積した蘇原粘土層も5万年前のものといわれている[21]。このことは、各務原台地の形成末期に堆積し終わったことを表し、地層を考える上で参考になる事柄である。

　この台地が堆積を終わった後に、木曽川泥流と呼ばれる御嶽山の火山灰を含んだ泥流が、犬山城南西の台地上や各務原市鵜沼西町の旧国道21号北側の崖に堆積し固結している。これは、前述したように約5万年前に流下してきたといわれ、最大15cmくらいの溶岩片を含んだ灰色をした凝灰角礫岩といわれる（写真6-20）。鵜沼山崎町の崖の中腹には、地元の小学生が遠足で見学したといわれる泥流堆積物があったそうである。また現在、同地区の国道21号から10mくらい高い所と、各務原飛行場の南東に黄色の軽石を含んだ層がある。

写真6-20　各務原市の木曽川泥流堆積物

　約5万年前頃から海面は徐々に低下を始め、上下しながら台地を削ったので洪積台地の崖は急な斜面となっている。各務原市羽場（はば）や、名古屋市西区幅下（はばした）などの「ハバ」という地名は、台地端部に出来た縄文時代以来の各地にある崖地名といわれる。低下の途中に鵜沼環流という流れによって、鵜沼に椀状の低地が出来た（写真6-21）。対岸の犬山市城東側にも同様の地形が見られる。約1万8千年前の海面が今より130mほど低くなる途中の、2万5千年～2万7千年前の頃、大曽根層や鳥居松層と呼ばれる低位段丘面が出来たが、この鵜沼の低地にも厚さ10m余の砂礫層があり、同時代の洪積層と思われる。また、この低地にも表土に黒ぼくがあり、その下に黄土色のシルト層がある。

写真6-21　右側ビルの上から左に河岸段丘（羽場）、段丘が円形になっている内側が鵜沼環流で出来た鵜沼の低地（犬山城から）

　しかし、鵜沼の低地の黄土色のシルト層は、西部に不均一の厚さで認められ、参考文献[2]の鹿野勘次氏の意見を加味すると、台地の上から流れてきたものが堆積したと思われる。1万8千年前頃の海面が最低位の後

から海面は上昇を始めたとされ、約8千年前の時点では知多半島の先刈遺跡から判断されるが、まだ海面は今より12m以上低かったことになる。しかし、6千年前頃は縄文海進といわれる海面が今より3～5mほど高かった時代とされる。このことからも分かるように、海面上昇の方は低下より進行が早いといわれる。その後各務原台地は隆起傾向にあり、濃尾地震の時でも75cm前後隆起している[22]。現在の各務原台地の標高は、西端が約35mであり東端が約61mとなっている。

(2) 各務原台地上を流れていた苧ヶ瀬川

犬山橋右岸の岩山は、「城山」といわれる。各務原市には、この鵜沼城山の上流側から北西へ木曽川の旧河道が流れていたという多くの言い伝えがある。この旧河道をここでは仮に苧ヶ瀬川と呼ぶ。苧ヶ瀬川の経路は図6-9参照。この経路については参考文献[23]に詳しいが、その中で川が流れていたという年代に疑問がある。その著者は、この旧河川が約1200年前に流れていた川としてとらえている。これに対して筆者は、中位段丘の各務原層が堆積していた12～5万年前の頃に苧ヶ瀬川が流れていて、海面が7～5万年前頃から低下するに伴って干上がっていったとする。

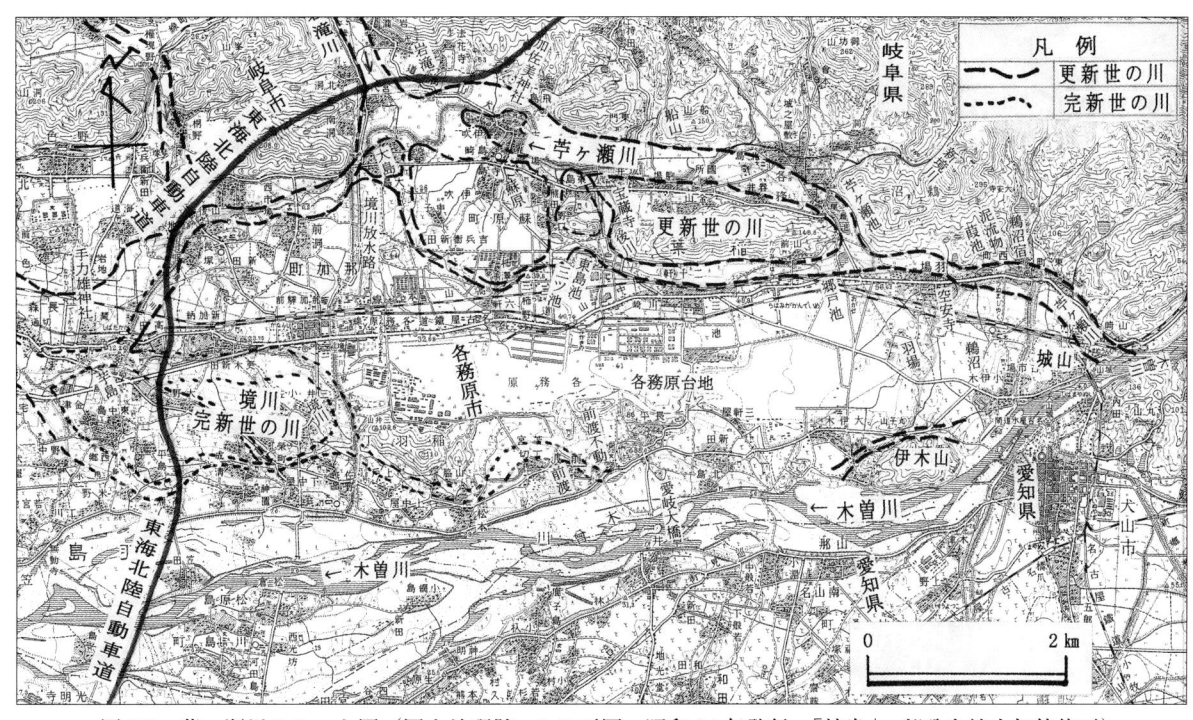

図6-9 苧ヶ瀬川のルート図（国土地理院、1/5万図、昭和34年発行、「岐阜」、部分を縮小加筆修正）
現木曽川は右から左下方へ流れる、左上の矢印は岩滝川、左側は完新世の境川

現在までのところ、更新世の河道が各務原台地に流れていたという文献は見当たらない。苧ヶ瀬川を確認するために現地へ行くと、城山の北から中山道の鵜沼宿跡までは鵜沼環流により削られて苧ヶ瀬川の痕跡は無い。木曽川泥流堆積層の上方にある洪積台地上の翠池（写真6-22）から衣装塚古墳・光雲山空安寺の北側さらに各務山まで、写真6-23のように巾100m～150m位の低い帯状の明瞭な旧河道は、写真左側すなわち南側の台地より2～4mほど低く、北側は山となっている。鵜沼環流とは、前にも述べたが、椀形の低地を造っ

写真6-22 翠池（よしいけ）

第6章　10万年前の旧河道

た渦状の流れであり、鵜沼の「ウ」はU字形に凹んだ所を指すと思われる。鵜沼の低地は各務原台地より約10m低い（鵜沼東方にある中山道の「うとう峠」もU字地形から名付く）。

その低地はやがて「郷戸池」に至る。そこから「苧ヶ瀬池」（写真6-24）までは、ほぼ水平な地形である。

現在の標高は、犬山橋付近で犬山頭首工の堰上げを除外すると、国土交通省木曽川上流事務所によれば、木曽川平水面が約36mである。国土地理院の地形図から標高を読み取ると、国道21号との交点付近が約50m、翠池が約60m、苧ヶ瀬池が約52m、蘇原大島が約27mほどである。各務原台地の最高点は約61mであるから、木曽川水面は約7万年前から約25m低下したことになる。河川の縦断勾配を加味すれば、河床低下量は30mほどになると考えられる。

「苧ヶ瀬池」は面積5haほどの広さで、奈良時代に築造されたともいわれ（各務原市木曽川研究所による）、各務原市の観光地になっている。池の中島と岸に八大龍王殿があり、池の水は、堤防にある水門から新境川の方へ落ちて水田の灌漑に使われている。苧ヶ瀬池の水面高は約52mであり、下流の水田との高低差は1.3mほどである。

写真6-23　旧河道（各務原市羽場）

写真6-24　苧ヶ瀬池（おがせいけ）

苧ヶ瀬池の休憩所の額縁に、図6-10に示す『古代の想定図』がある。この図を見れば、地元に残る言い伝えの流路が明瞭である。この絵の正面左に苧ヶ瀬池が描かれているが、この池は現在の郷戸池も含む大きな池となっている。

図6-10　古代の流路想定図、右端の黒い山が伊木山（苧ヶ瀬池の休憩所にある額縁を複写）

この図の右前方が上流で、分岐点の城山から右下へ向かう流路が現木曽川筋となっている。また、苧ヶ瀬池の右側が現在の郷戸池の場所であり、そこから右下へも分流している（写真6-25）が、これは現在の後川と重なる旧河道である。そして苧ヶ瀬池の左側が苧ヶ瀬川の下流である。図6-10の元図は、大安寺に関わっていると聞いたので寺に問い合わせたがよく分からなかった。

写真 6-25　郷戸池の下流の旧河道
（左の道路から右の家までが旧河道、西向き）

写真 6-26　苧ヶ瀬池下流、船山南の旧河道は水田の部分（右が下流）

額縁に描かれた苧ヶ瀬池から右下方向の現地へ向かうと、後川と呼ばれる小川があり、その先に東島（図5-1の古図にある）池という池と三ツ池という地名がある。この池と地名はかつての苧ヶ瀬川の名残と思われる。そこからほぼ北方へ流れを変え、宝蔵寺という寺の北で苧ヶ瀬池の方から流れてくる新境川と合流する。この先の新境川ルートが洪積時代の苧ヶ瀬川とほぼ重なっていたと考えられる。宝蔵寺は台地上にあるが、その辺りから後川は沖積平野に流れる景観である。

一方、苧ヶ瀬池の方からの苧ヶ瀬川は、船山の南を西へ流れたことになる（写真6-26）。この付近に約5万年前に堆積したといわれる粘土がある。船山の北にある須衛という所は、大和時代にその粘土から須恵器と呼ばれる陶器を作り、奈良の都へ運搬したといわれる。陶器は舟に積まれて海まで運ばれたことが想定される。伊勢湾から陸路、奈良の都へ運ばれた痕跡が奈良県の月ヶ瀬にあるといわれる。船山南麓の谷底平地には、礫層もある。

さらに下流へ進めば、加佐美神社の東で両岸から山が迫った地峡のような所を通過する新境川沿いとなり、新境川は、東海北陸自動車道と交差する付近で沖積地の境川と合流していたと思われる。そして墨俣方面へ向かっていたと考えられる。東島池から蘇原の台地の南を西方へ分流していたと思われる旧河道も認められる。

なお、図6-10の右側にある伊木山の北麓を廻って帯状の低地が認められ、ここにも支流があったと言い伝えられている。ということは、伊木山の南にある現在の木曽川は、伊木山北麓の標高約58mと同等の高さにあったものと思われる。言い換えれば、木曽川対岸の扶桑町を含む一帯は、今の標高は約38mでも、約7万年前まで約58m以上の高さ（隆起分を含む）の洪積層があったと考えられる。この関係については、6.2節でも触れたが、この中位洪積台地がどこまで拡がっていたかは不明である。

沖積地の当初の境川は、第5章で説明したが、愛岐大橋付近の前渡不動尊から現木曽川より北西へ流れていた川である。木曽川が最終氷期の2万年前頃に向けて低下し、洪積台地が削られた後の沖積時代からの木曽川本流といわれる。境川は細部の地名でいうと芋島付近で新境川の流れと合流していた。境川は別名、広野河あるいは鵜沼川と呼ばれた[26]。そして、木曽川は1586(天正14)年の洪水によって流れを変え、現在のような流路になったといわれている[25]。

(3) 苧ヶ瀬川のまとめ

苧ヶ瀬川の流れていた時期は、各務原層と呼ばれる中位段丘の上にある旧河道であるから、約12万年前～約5万年前までの間と思われる。それから約5万年前から海面低下が始まり、それとともに木曽川が河床低下を始めたので苧ヶ瀬川は干上がり、現在に至るまで木曽川は約30m河床低下したと考えられる。

現在までのところ、東島池付近を除いて、苧ヶ瀬川の旧河道には比較的、住宅・工場・諸施設は少ないように見受けられる。これは、低地の認識が浸透しているのではないかと推定される。ただし、東海北陸自動車道路以西ではシルト層が厚くなり、家屋が出来ているので水害や震災の危険は大きいと思われる。

6.6 岐阜市芥見からの長良川分流—岩滝川

　岩滝川は、岐阜市芥見から各務原市蘇原を流れていたとする更新世の川である。現在の長良川には、芥見の下流に狭い所がある。清水山と大蔵山に挟まれた狭窄部であるから、両岸の道路がトンネルになっている。そのためか、岐阜市芥見〜岩田東〜岩滝西〜各務原市蘇原大島町へと旧河道があったようである（写真6-27）。それは地表の地形のみならず、岐阜市岩滝西には田圃の下に密な砂礫層が堆積していることからも言えることである（写真6-28）。この層は表土の下に灰色の粘土層がある。その下の栗石混じりの砂礫層にも粘土やシルト・砂を含む層である。

　この岩滝川が新境川即ち、前記の苧ヶ瀬川と合流する付近の蘇原大島に住む人の話では、「大島ではどこで井戸を掘っても栗石に当たり困ったことがある。それから古老から聞いた話では、昔、木曽川が苧ヶ瀬池を経て流れていた」ということである。蘇原大島は苧ヶ瀬川と岩滝川の合流点と思われる（図6-11）。

　長良川から芥見へ入ると、沖積地に続いて高さ4mほどの河岸段丘がある。また、清水山の下流にも沖積平野と思われる農地が広がっていて、長良川から500mほど東に高低差4mほどの河岸段丘がある（写真6-29）。これは低位河岸段丘と思われ、更新世と完新世の境のものと思われる。岩滝川の旧河道がこの河岸段丘の上にあるということは、岩滝川は苧ヶ瀬川と同様な更新世の旧河道ということになる。

写真6-27　岐阜市岩滝西から芥見方向、左前方の清水山右から流下

写真6-28　同上、骨材採集場

写真6-29　岐阜市岩滝西から芥見方向、左前方の清水山右から流下

　旧河道にはしばしば水路が残っているが、ここでも各務用水が関市の方から流れており、写真6-27に写っている。この旧河道については既に参考文献[26]で触れられている。

　この節のまとめとして、地形と写真6-28に見られるような栗石が岩滝西に堆積しているということは、更新世の長良川が流れていたものと思われる。この旧河道の存在について、参考文献[8]で小井戸教授も指摘している。

図 6-11 岩滝川旧河道図（国土地理院、昭和 34 年発行、1/5 万図、「岐阜」部分を縮小加筆修正）、破線で示した旧河道は長良川から分流して苧ヶ瀬川へ合流、図 6-8 参照。日野川は左側の破線。

6.7　金華山の裏から長良川分流―日野川

　この旧河道については、小井土由光氏により「かわなみ通信」（2010年冬号 Vol.38）で紹介されている。前述の古川や岩滝川と同様に、更新世の旧河道としている。更新世とされているのは、地中の御嶽山からの軽石を確認してのことである。

　現地へ行ってみると、写真6-30と次ページの図6-11のように、長良川から分流していた谷は狭窄部になっている。国土地理院2万5千分の1図によれば、分流点近くの標高は23mであり、国道156号付近は21mで、平野へ出た琴塚という所では18mである。

　特筆すべきことは、分流してから最も狭い谷部に写真6-31のような角落としがあることである。この角落としは、コンクリートと石で出来ているので、現代まで使われたと思われる。高さは約1.5mで、南側は道路拡張のために削られた形跡がある。また、分流部の長良川現堤防には水防倉庫と不動明王・観音像・昭和41年銘の水神があるので、これらは濁流が押し寄せないよう願いが込められたものと思われる。地元の人達に聞くと、「この谷には、長良川の堤防が小規模なころは濁流が時々ここを流れていた。そのため、狭窄部を越えた西方の上流部には湿原がある」ということである。この谷の小川は逆川という名前であるが、この河川名は濁流が西方の湿原へ逆流したので付いた名前ではないか。

写真6-30　長良川堤防から日野の谷へ分流した所

写真6-31　谷の入り口にある角落とし（左右草むらの間）

6.8　武儀川分流―山県岩川

　図6-1のように、岐阜市石原の北から太郎丸へ向けて更新世の旧河道があったと思われる。その細部のコースは、武儀川の三輪から榑立山の北側を通り、田園部を山県岩に向かい、石田川と重なるものである。（図6-2参照）。

　ここでは、この旧河道を途中の地名から山県岩川とした。山県岩という所は、平地にある民家の庭に一箇所だけ岩が飛び出ているところからこの地名になったと思われる。近くの石田川の橋は「岩橋」という。また、この地には農地の中に独立した山があ

写真6-32　岐阜市北野辺りの骨材採取場所

るが、山県岩川はこの山の前後を分流した景観である。独立した山の南麓には八幡社があり、現在の石田川はこの山の北側を流れている。

このコースに川が流れていたという理由は、地形の他に骨材採取をしているからである。骨材採取は毎年継続して行われている。骨材は栗石・砂利・砂をふるい分けして、コンクリート骨材に利用されるものである。写真6-32は、骨材採取後の埋め戻し中の写真であり、正面方向が石田川で、その先は山あいを経て太郎丸へ進む（写真6-33、図6-1、図6-2）。

写真6-33　山県岩地内、右は八幡社のある独立した山、この山の背後に石田川

このルートの説明は、今までのところ他の文献には見当たらない。

6.9 武儀川から長良川への分流―広見川

武芸川町広見の住人である知人から、「どう見ても武儀川の広見から長良川の池尻へ、川が流れていた地形である」と聞いた。図6-1の右上の位置になる。知人の話によると、石原という所は地表下に栗石があり、広見は表土の下に黒土が約3mで、その下が砂利層と粘土層といわれる（位置図は図6-12参照）。

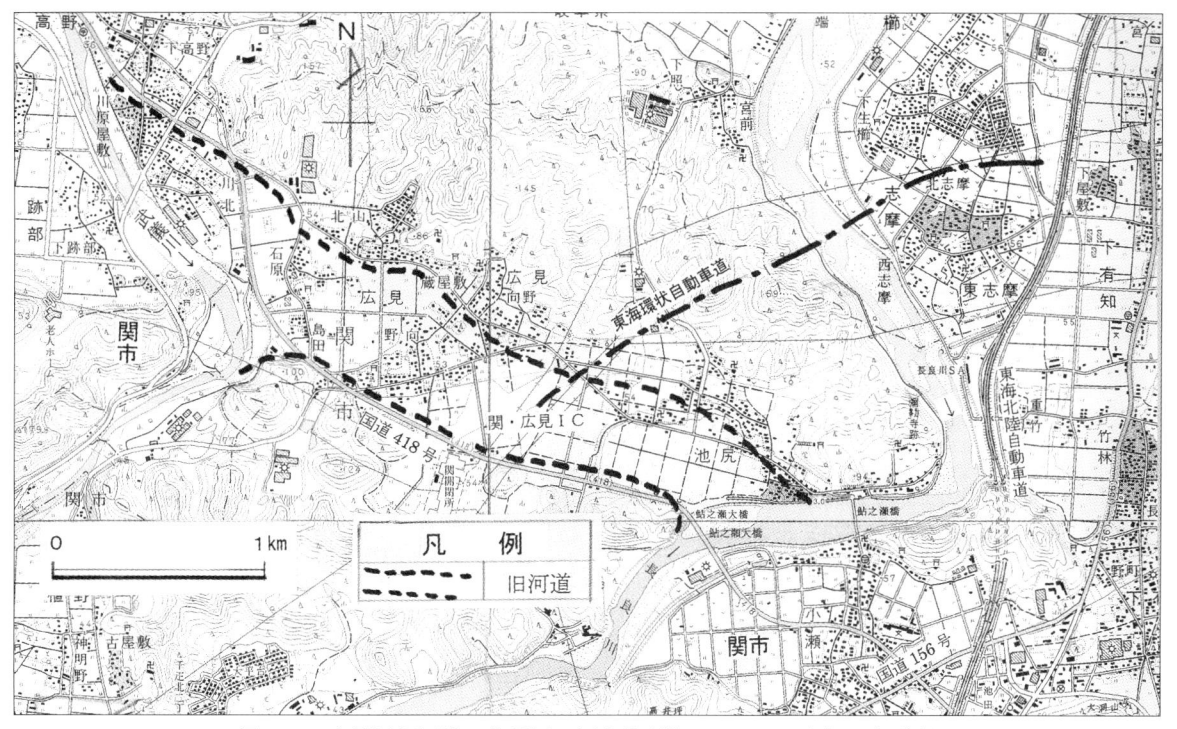

図6-12　広見川旧河道の位置図、国土地理院1/25000、平成13年発行、
岩佐・美濃・岐阜北部・美濃関を縮小・加筆

現地を訪れると、池尻は円形の低地がある（写真6-34）。西方の武儀川方向には平地が続いている。運良く池尻で古老が4人談笑していた。その人達に聞くと、「長良川の堤防近くは池尻字砂倉という地名で、池尻の低地は昭和34年の伊勢湾台風以降4回浸水した。浸水すると水の流れは、この円形の低地を右回りになる。

長良川の堤防は、池尻の下流で無堤となっており、池尻の低地は遊水地である。ここの地質は、表土の下が厚さ2m以上の河原砂で、その下は砂利となっている。下方の砂礫は密で茶色を呈し、広見まで長良川の砂礫である。北側の山すそを流れる下水は武儀川の方へ流れている」といわれる。ということは、長良川の水が武儀川の方へ流れたこともあるかもしれない。長良川と武儀川の両方とも、下流に狭窄部がある。

池尻から西方はあくまでも平坦な地形で、農地と家屋が点在している。北側の山すそに家屋が連坦し、石原・広見の道路と農地の間を流れる用水は東に向かって流れ、谷底平地の中央付近で南へ曲がっている。標高は石原が53mで、広見も同じくらいの平坦らしい。知人によると、詳しく見ると関・広見IC付近が現在の分水嶺のようである。池尻はその東から円形の段丘があり、3mくらい低い（写真6-35）。

上流の武儀川は少し前まで、もっと東の国道418号に沿って流れていた景観である（写真

写真6-34　長良川堤防の池尻から西方を見る、写真撮影場所から下流の堤防は無い

写真6-35　池尻には落差3mほどの円形の段丘がある

写真6-36　国道418号から東方を見る、河岸段丘は無い、中央とその左に墓地がある

6-36）。広見の小字名は南部に阿原があって、泥土が深くまで堆積している。その西に奥沼があり、東方には水上(みずかみ)という所がある。これらの地名や地質あるいは、河岸段丘地形などから判断すると、この谷底平野には洪積層の砂礫が堆積した時代に川が流れていたことを表す。

現在、池尻地区の東部では低地にも拘わらず家屋が出来始めた。長良川の河床は昔より低下したようであるが、洪水の場合には遊水地であるので浸水の危険がある。

6.10　第6章のむすび

本章では、岐阜県内の更新世（後期）の旧河道を調査し、その存在と位置関係および水害・震災との関わりについて検討した。その結果、岐阜県内に6本の更新世の旧河道が認められ、更新世の旧河道についても、一部において水害や震災を受けやすい所があることを確認した。なお、岐阜県治水史はじめ、地元の伝説は中世

までの議論であるが、本章での確認事項は更新世まで遡る内容である。

本章で得られた具体的内容をまとめると。以下のようである。

① 古川は、洪積時代の約13万年前から5万年前頃まで、木曽川の分流として美濃加茂市〜関市〜山県市高富〜鳥羽川に流れていた。当初目論んだ太郎丸の平地にやはり川が流れていた。ただし、長良川から鳥羽川までの間は、長良川沿川に際立った河岸段丘が無く、長良川とその堤内地との高低差が小さいことは、何らかの影響による現象であろう。確たる段丘が無いので、洪水時には長良川から鳥羽川へ向かって近年まで水流がたびたびあった。

② 古川の鳥羽川から伊自良川までは、更新世にほぼ根尾谷（梅原）断層に沿って、流れがあった。表土の下は粘土系と砂利ないしは栗石が密にあり、水面下の期間が長かったことを表す。この区間の中、申子川横断部が高いが、これは上洞・申子地区の崖錐の堆積と、東側と西側の陥没によるものと思われる。したがって、約13万年前から5万年前ころまでは、東側の鳥羽川の方が高く、伊自良川の方へ古川が流れ、あるいは湖状の水が緩やかに流れていたと思われ、さらに水面に関わる地名や水流の伝説が多くあることも考え合わせると、旧河道があったものと考えられた。

③ 苧ヶ瀬川は、木曽川の犬山橋から北西へ分流して各務原台地上の北側に沿って流れ、大凡12万年前から5万年前の頃まで流れていた。

④ 岩滝川は、長良川が岐阜県芥見〜各務原市蘇原大島町へ向けて、やはり上記と同様な更新世に流れていた。

⑤ 日野川は、御嶽山の軽石が谷底平野に堆積しているならば、更新世から流れていたことになる。しかし、河岸段丘がなく、コンクリート製の角落としがあるので、洪水時には近代まで時々流れることがあった。

⑥ 山県岩川も沿線に河岸段丘がないことから武儀川分流として、上記と同様な更新世から流れ、時には近代まで太郎丸の方へ流れることがあったと思われた。

⑦ 広見川は、ほぼ平坦な谷底平野であり、基本的には武儀川から長良川へ流れていた。しかし、古い時代には長良川から武儀川へ流れていた可能性もある。明確な河岸段丘があることから、苧ヶ瀬川と同様な時代の旧河道と思われる。

⑧ 更新世の旧河道についても、一部において水害や震災を受けやすい所がある。例えば、山県市の東西深瀬地区は、低地で軟弱層が厚く、断層による沈下地帯でもあるので宅地には不向きであるが、現実には建築が進められている。現在、河川改修は行われているが、陥没地帯であるため宅地造成規制区域を指定すべき所と思われる。また、伊自良川の下流部では軟弱層が厚い。苧ヶ瀬川の下流部は、東海北陸自動車道以西で沖積平野と重なり、低湿地となっている。広見の字阿原・奥沼は泥土が厚い。広見川の池尻地区は遊水地である。したがって、いずれも宅地には不向きである。

注1) 濃尾地震：1891（明治24）年10月28日6時37分、本巣市根尾水取(みどり)地区を震源とするM8.4、直後の死者7,273人（その中愛知県2,459人）、全壊家屋14万軒、JR東海道線の長良川鉄橋陥没、庄内川の枇杷島橋落橋、山県市大森地区は倒壊率100％、山県市高冨地区は倒壊率90％。参考文献[15]によれば、梅原断層は3千年から2万年の間に1回動き、活動間隔の長い断層であり、過去に6回の地震があったとしている。近くには梅原断層の他にも断層がある。

注2) 参考として東海地方を襲った主な地震の一覧表を載せる。各地震による沖積低地の液状化現象はくり返している。

第6章　10万年前の旧河道

愛知県近辺の「地震の歴史」
(新暦、主な地震の抜粋)

715（霊亀元）年7月5日	三河の地震、正倉47が倒壊、矢作川の現新幹線とJRの間陥没。(『三河地震』より)
745（天平17）年6月5日	天平美濃の地震、M7.9。
〈869（貞観11）年	三陸地震、死者1000人〉
938（天慶元）年	紀伊を震源とし、伊勢の死者200人余。(三重県津市災害年表)
1096（永長元）年12月17日	M8.0～8.5、京都の社寺に被害、近江も被害。三重・静岡県に津波。
1124（天治元）年3月	甚目寺地震により破壊。
1275（建治元）年	紀伊を震源とし、伊勢口で死者数百人。(三重県津市災害年表)
1405（応永12）年	三河で地震。
1493（明応2）年10月29日	三河渥美郡地震、余震多し。(愛知県災害年表)
1498（明応7）年9月20日	**明応の地震、M8.2～8.4紀伊半島から房総まで津波、死者伊勢湾で1万人、静岡県志太郡で26,000人。阿濃津（現在の津市）の港は入り江が壊滅。浜名湖が海と繋がった。三河の豊川は川筋変わる。鎌倉溺死200人。**
1578（天正6）年10月29日	伊良湖水道の「鯛の島」地震により沈没の伝承あり。(三重県津市災害年表)
1586（天正14）年1月18日	**伊勢湾沿岸で津波による死者1,000人以上。** 桑名・長島城損壊。畿内・飛騨白川・岡崎城被害。
1605（慶長10）年2月6日	慶長の地震、三河片浜（三河湾田原市）の船は津波で壊滅。**伊勢浦々では漁民等が引いた浜に出て津波に呑まれる。死者多数**（三重県津市災害年表）。M7.9。
1662（寛文2）年5月	愛知県大地震、死者1100余人。
1666（寛文6）年5月31日	M6.3、知多半島常滑・大野に津波。半田・日間賀島・篠島の海岸に流死者。(『阿乎美の記』)
1677（延宝5）年11月4日	M8.0、陸奥～尾張津波で流死数千人。
1685（貞享2）年4月	三河渥美郡地震、家屋倒壊人多く死す（国土地理院災害年表）。
1686（貞享3）年10月3日	遠江・山城・田原・三河地震、岡崎城の櫓倒れる。(愛知県災害年表)
1707（宝永4）年10月28日	宝永地震、M8.4、志摩津波、津・桑名流死多数、名古屋・吉田城損壊。田原の野田で倒壊580軒。
1782（天明2）年8月23日	浅間山爆発地震、当地では3年間太陽が見えなく飢饉が続いた。
1819（文政2）年8月2日	地震、四日市で死者、家屋倒壊、桑名の一向寺倒壊し参詣人多数圧死（三重県津市災害年表）。名古屋の町並みと城被害。
1854（安政元）年12月23日	安政東海地震、M8.4、矢作川筋の村高の堤が裂けて沈んだ。矢作橋傾く、字てんぽうの堤が60～70間左右に押し開いて沈下した。**田畑の各地で液状化現象が生じた。** 津波により志摩74人・堀切（伊良湖）8人、大湊8人、津4人、尾張4人、関東～近畿まで合計死者2,000～3,000人。安政南海地震が32時間後に発生。中部～九州まで津波。串本の津波高さ15m（『三河地震』より）。**三河湾内でも津波があり、西浦半島の松島（標高約5m）にあった石仏が流された。**
1891（明治24）年10月28日	濃尾地震、M8.4、直後の死者7,273人（その中愛知県2459人）、全壊家屋14万軒、枇杷島橋落橋。
〈1896（明治29）年6月15日	三陸地震、M8.5、ゆっくり動いた地震、津波最高38.2m、死者21,959人〉
1923（大正12）年9月1日	関東大震災、M9.1、死者不明142,000人（その中焼死105,385人）。瀬戸・岩倉市で煙突倒壊。
〈1933（昭和8）年3月3日	三陸沖地震、M8.1～8.3、津波高さ20～30m、死者3,008人〉
1944（昭和19）年12月7日	午後1:35、東南海地震、M8.0、死者1,223人（その中愛知県871人）、紀伊半島津波。
1945（昭和20）年1月13日	午前3:38、三河地震、M6.8、死者2,306人（愛知県の死者2,252人）、全壊家屋5,233軒、蒲郡市形原、西尾市藤井・江原付近の被害大。
1946（昭和21）年12月21日	南海（道）地震、M8.0、死者不明1,432人、静岡～九州津波。
1948（昭和23）年6月28日	福井地震、M7.1、死者3,728人。

これらの他に紀伊半島では、たびたび震災を受けている。また、1498年と1854年の地震などでは伊勢湾・三河湾内でも津波が襲っている。その他、1889（明治22）年の地震でも三河湾に津波が押し寄せ、人畜の死傷・家屋の流失が多かったといわれている。

第6章 の参考文献

1) 市原信治、『長良川の流路』、教育出版文化協会、pp.6-33、1975.
2) 鹿野勘次、「木曽川の自然史—大地の科学とロマン」、木曽川学研究第5号、木曽川学研究協議会、pp.276-278、2008.
3) 中根洋治・奥田昌男・可児幸彦・早川清、「歴史的堤防を伴う旧河道の調査」、歴史的地盤構造物の構築技術及び保存技術に関するシンポジウム発表論文集、No.141,pp.13-20、2008.
4) 岐阜県山県郡高富町、『高富町史』、通史編、pp.5-7、1980.
5) 安城市史編纂委員会、『安城市史11』、資料編、自然、p.31、2005.
6) 国土交通（建設）省庄内川工事事務所、『庄内川・その流域と治水史』、p.110、1989.
7) 犬山市、『犬山市史』、p11、1997.
8) 小井土由光：「濃尾平野北部地域における地形と河川流路〜美濃須衛古窯跡群を支えた約5万年前の粘土層」、『木曽川学研究』第2号、木曽川学研究協議会、pp.46-48、2005.
9) 鹿野勘次、『市民のための美濃加茂の歴史』、美濃加茂市、p.12、1995.
10) 岐阜県、『岐阜県治水史』上巻、pp.58-59、1953.
11) 前掲4）、pp.344-345.
12) 岐阜県市町村史研究連絡協議会、『濃尾地震写真資料集』、岐阜県歴史資料館、写真6-1、1978.
13) 前掲4）、p.357.
14) 前掲4）、p.353.
15) 村松郁栄・松田時彦・岡田篤正、『濃尾地震と根尾谷断層帯』、古今書院、pp.245,247、2002.
16) 野村倉一、『濃尾地震のツメ跡』，教育出版文化協会、p.42、1980.
17) 町田洋・新井房夫、『新編火山灰アトラス』、東京大学出版会、pp.58-70、2003.
18) 前掲17）、p.59.
19) 岐阜大学編集、『岐阜県の活断層』、岐阜県、p.11、1995.
20) 前掲15）、p242、2002.
21) 前掲8）、p.48.
22) 新修稲沢市史編纂会事務局、『新修 稲沢市史』、本文編 上、p.27、1990.
23) 丹羽伝、『幻の鵜沼川』、（愛知県図書館）、1985.
24) 前掲22）、p.21.
25) 国土交通省（建設省）中部地方整備局（建設局）、『木曽三川流域史』、pp.263-264、1992..
26) 小井土由光、「濃尾平野北部の木曽川流路」、『木曽川学研究』創刊号、木曽川学研究協議会、p.230、2004.

第7章　あとがき

　本書の内容は、「秋葉古道と愛岐地方の旧河道」と題して、古道・旧河道の実態を詳しく調査するとともに、その活用について紹介することであった。活用内容は主に災害と関わる内容であった。

　山間部の中世以前の古道は、尾根を利用している事例が多い。秋葉古道についても、古くからの変遷を調べると尾根を通る道であった。また、愛知県下の各古道の所々にある盛土部は、長期間に亘って急な法面勾配を保っているので、この築造工法を検討した。盛土部以外においても古道は長期間安定を保っているので、尾根を通る古道が大災害時に利用可能であることを事例と共に述べた。

　また、木曽三川・矢作川・豊川などの数多くある旧河道の変遷を詳しく調査した。旧河道の中には、約10万年前に流れていたとされる流路もあった。旧河道を調査する過程で、後背湿地や河跡湖・地盤沈下地帯なども浮かび上がった。

　本書の成果が活用できると思われる内容は、次のようなことであった。

　尾根を通る古道は、長期間安定しているので、現代の川沿いの道が災害によって通行止めになった場合、避難・連絡・救助・復旧などのために利用できる場合がある。また、旧河道に関する調査結果は、宅地をはじめとする利用が成されつつある沖積低地の水害・震災などの災害対策に参考になる。

　以下に、これらの調査で得られた各章の結果をまとめて示す。

第1章では、
　本書の概要と調査方法を述べた。調査方法は、文献・地質・現地聞き取り調査などによるが、その他、縄文時代や更新世まで遡り、巨石信仰や地名調査などの人文科学的な要素も加えた。

第2章では、
　尾根を通る古道の代表的な事例として、静岡県の秋葉古道を調査した。秋葉古道の移り変わりと秋葉信仰の歴史などを知るためであった。その結果、秋葉古道の縄文時代からのルートは尾根から尾根を通り、江戸時代になって戦いが無くなると山腹が利用されるようになった。明治時代以降になると車輌が現れ、勾配の緩い川沿いの道が多くなった。これらのような傾向は、他の山地部や丘陵部の各街道でも共通に言える現象である。

　秋葉古道の役割は、信仰の道・石器や塩などの生活物資運搬の道・戦いの道・文化交流の道などのあることが分かった。あわせて、街道に関わる秋葉信仰の関係についてもある程度理解できた。

　現代の浜松市から飯田市方面を結ぶ道路は、急峻な天竜川沿いを通るが、県境の青崩峠は車輌通行不可能であり、小型車のみは兵越峠が通行可能である。大型車は愛知県を経由せねばならないが、東名高速道路から岐阜県土岐市を経て中央道を利用する物流も多い。

第3章では、
　古道を調査した結果分かった事柄であるが、中世以前と思われる尾根の古道の所々にある段築と切通し部に注目した。段築や切通し部があることによって比較的に平坦性が保たれ、通行が極めて楽に出来る。尾根の古道にある盛土部は極めて急な法面を有し、その工法を探ることによって、現代においても構造物を設けなくても急勾配の法面を造る工事において参考になることがあった。あわせて昔の各種突き固め工法を紹介した。

第4章では、
　筆者が関わった事例を挙げ、万一の災害の場合にも尾根の古道が活用されることがあるので、古道の災害時活用を提案した。つまり、洪水や地震などによる災害時において、現代に多い川沿いの道路や鉄道が被災し通

行止めになった場合、尾根を通る古道が利用できることがある。また、現在使用中の道路でも、一定の幅員のみでなく所々広い場所があれば、異常時の救助・調査・復旧などの作業並びに駐車スペースなどに活用できるとした。

第5章では、

　木曽三川・矢作川・豊川などの旧河道を調査したが、その結果得られた内容は次のような事柄であった。

① 旧河道の中でも洪積台地の裾にある経路が、最古の縄文時代に流れていた傾向にあることが分かった。その後、その経路沿いに弥生時代から江戸時代中期までの住居跡が出土している事例が複数あった。この現象は、米作りに関わると思われた。戦国時代末期ころになると堤防が強固に造られ、江戸時代中期になって、河川内の土砂の堆積により越流する水害が増えたので、台地上に移住する地区が増えた。移住した集落は、例えば矢作川の沖積地の各地で見られた。

② 近年、山間部から平地部へ人口が流出し、核家族化も加わって沖積低地では家屋や工場・その他の施設が出来つつある。その結果、旧河道や後背湿地・池の跡など、ないしは海抜ゼロメートル地帯などの洪水や地震に対して弱い所へ建物の進出が増している。このように低地開発が進むことは、災害時の被害をどんどん大きくしているのである。旧河道や後背湿地などを知っておくことによって、災害対策の参考になる。

③ 治水上は遊水地が自然な対策として望ましい。現在残っている遊水地は今後も残すべきである。水田や越流堤、あるいは所々広い川幅、さらに蛇行も遊水地の役割を果たす。

④ 大河川背面の内水排除は今後の重要課題である。内水は山地開発と宅地化による流出率の増大による反面、遊水地の役目を果たす水田の減少などにより、益々浸水被害を起こし易い。

⑤ 沖積低地の新興住宅が増えてきたが、本章で述べたような水害・震災が予想される旧河道や後背湿地などで、現在も建築が進んでいる。例えば岡崎市大平町のようなかつての水田地帯は、上流に堤防が無いので浸水し易い。昔の遊水地だが市街化区域なので建築が進行している。もっと建築が進んだ場合、遊水地の役目が減少し、乙川の下流に与える影響が大きくなる。

第6章では、

　更新世まで遡った旧河道の調査は、前例が少ないと思われるが、大凡10万年前の複数の旧河道が現在でも確認できた。岐阜市太郎丸～山県市高富～梅原の間、言い替えればこの谷の長良川から伊自良川までの間の、地元に残る「川が東から西方へ流れていた」という伝説は、年代と起源の川が異なっても真実を伝えていたことが分かった。その他の更新世に流れていた旧河道についても、地形と地質は残っているのでその存在が推定できた。

　この調査の結果、山県市東・西深瀬地区をはじめ、浸水しやすい所に宅地化が進んでいるので、水害・震災の危険があり、場所を限って宅地造成規制区域の指定をするべきであると考えた。

第7章は、

　「あとがき」として、第1章から第6章までの全体をまとめた。

　以上、論文形式の内容を少し修正したのみであるから、表現が堅くなり読みにくくなってしまった。が、今まで調査した成果の一部として遺しておきたい。

2011（平成23）年夏

岡崎市細川町在住　　中根洋治

中根 洋治（なかね　ようじ）

1943（昭和18）年岡崎市細川町生まれ。
立命館大学理工学部土木工学科1966（昭和41）年卒業。
2004（平成16）年3月愛知県職員退職。

著書　『矢作川』、『愛知の歴史街道』、『愛知発巨石信仰』、『細川郷』、『愛知の巨木』（風媒社）、『忘れられた街道』〈上〉・〈下〉（風媒社）、『続巨石信仰』

秋葉古道と愛岐地方の旧河道

2011年10月30日　第1刷発行
　　（定価はカバーに表示してあります）

著者　　中根　洋治
発行者　山口　章
発行所　風媒社
　　　　〒460-0013　名古屋市中区上前津2-9-14 久野ビル
　　　　tel.052-331-0008　fax.052-331-0512
　　　　info@fubaisha.com
　　　　HP　www.fubaisha.com

印刷・製本　モリモト印刷
ISBN978-4-8331-5235-8
乱丁・落丁本はお取り替えいたします。